中国原创
GK 手办

孙永喜 编著

上海人民美術出版社

目录

序 /6

皆空造物工作室 /8

冯阳昆工作室 /20

仁王工作室 /54

MP.Studio 工作室 /66

ttwei 工作室 /72

圣徒工作室 /98

时仙工作室 /110

言传 & ANNA 工作室 /116

野鸽工作室 /130

袁星亮工作室 /152

一草介 AGrass 工作室 /176

猴吉工作室 /190

御龙工作室 /200

周峰山人工作室 /208

开天工作室 /230

pp 漫游记工作室 /254

SAZEN LEE 工作室 /262

Eop Studio 工作室 /270

末那工作室 /274

后记 /278

序

GK 是英文"Garage Kit"的缩写，字面意思是车库组件，但其起源和演变充满了艺术和创造力。最初，美国的 GK 模型是由一批热衷于车库设计的爱好者在车库中自行创作的，这些模型独一无二，充满了个人风格。随着时间的推移，一些制作精良的 GK 模型受到了人们的喜爱，开始有投入进行开模制作活动，GK 也因此衍生出了新的内涵——"模型套件"。

现代的 GK 不仅指非官方的原创设计模型套件，也特指尚未涂装的白模、灰模及没有商品化大量生产的模型套件。GK 通常由 GK 原型师设计雕刻出灰模后，再根据需求开模制作白模，并进行不同表现形式的涂装，但一般也不会大量地生产流通。GK 往往能很好地表现出每位原型师的个性，且因量少而精，具有很高的收藏价值。

如果一定要严格界定的话，GK 用语会有以下的分类区别。

1. 因为其带有私人创作的属性，所以 GK 必须是原创作品。（这里的原创是指包括公共版权角色二次创作的作品，都要有足够的转化性且不损害原作的市场价值。）

2. 经拼装组合后的树脂套件被称为"GK 素组"，而尚未涂装的树脂套件则被称为"GK 模件""GK 白模"或"GK 灰模"。

3. 由于 GK 本身具备的含义是个性创作，如果是进行涂装的树脂商品（即含销售意图的作品），就不再称为 Garage Kit，而是根据涂装进度称为"涂装成品"或"涂装半成品"。

回到本书的内容，中国 GK 又是从何而来的呢？

从发展轨迹上来看，美国的模型爱好者们将 GK 的诞生归结于 20 世纪 70 年代美国的文化环境变化。随着娱乐活动的愈渐丰富，玩具市场一度下滑，导致在 80 年代，遍地都是低价且创意十足的模型。"模型黄金时代"基本只能是玩家们的回忆了。于是，美国这批玩家们便将目光投向了在这个领域发展迅速的另一个国家——日本。

日本的 GK 虽然是在 20 世纪 70 年代末才开始发展的，但其发展的速度比美国要快得多。比如目前在 GK 圈最有名的双年展 Wonder Festival，日本在 1984 年就已经举办了第一届，而美国在 1986 年才有了自己的第一本 GK 杂志 Model Figure Collector。日本 GK 发展迅速的主要原因可能是当时玩具市场面向的群体大多是儿童，市面上模型的精致程度远不能满足当时热爱动漫角色的玩家们，因此，他们开始尝试制作自己喜爱角色的手办。不过在当时，由于网购和物流都还不够发达，从日本订购模型无疑是困难重重的一件事情，因此，美国玩家们也开始学会自己用树脂来制作模型。也就是在这时候，GK 这个概念才第一次被传播开来。

　　近几年，GK 传播发展到中国。国内最早的一批爱好者大多也受到一些日本知名原型师的影响，例如竹谷隆之等。然而艺术是主观的，每个人对作品都有独特的理解，就像每个独立个人具有不同的个性，虽然接受学习了各式各样的风格，但在进行创作表达的时候也会选择自己最舒适和放松的方式来呈现。因此，国内爱好者在不断受国外风格影响的同时，也在慢慢将中外风格进行一个融合。随着国内爱好和创作者逐渐发展和成熟，国内的 GK 文化也逐渐和日本美国区分开。对国内 GK 原型师而言，文化底蕴是他们最重要的创作灵感之一。中国传统文化已有几千年的历史，历史的厚重使得来源于这片土地上的原创内容具有更加丰富的支撑。如今，国内的 GK 文化在受到国外的影响之外也在不断演绎自身传统的文化特色，比如很多创作会借助到龙的形象。中国龙的意象通常较为神圣，象征着权力、尊严、力量和荣耀，具有吉祥之意；但在西方文化中，龙通常是象征贪婪、邪恶的生物；中西方文化中"龙"出现的语境和"龙"的寓意截然不同。随着时间的推移，这两年国内的 GK 原创文化的生命力越来越旺盛，扎根于中国文化的创作者也越来越多。国内原型师有的为一些热门 IP 设计衍生创作，有的致力于挖掘埋藏于民间传说或是历史之中的神话形象，如《山海经》《西游记》里的惊奇志怪，神话传说中的人物造型、场景制作，以及古风诗词中的意象阐述等，并在此原型框架基础上添枝加叶，加入场景塑造成型。这种场景和人物的结合，可以让作品语言表达得更加充分，故事构成也更具张力。相较于美式作品更注重生物肌理的构造，日式作品更注重种类、造型姿势的还原以及细节的美感，国内创作者会更加注重精神内涵（即意境）的表达。所以很多即便是有历史渊源的文化也会被赋予新的象征，传达出创作者想表达的意象内涵。这让原型师们产出的作品更加具有深意，更加值得细细品悟，真正"让作品开口说话"，赋予雕像自己的生命力。这让我们看到 GK 虽然是个舶来品，但其作品和精神同样可以反向对外输出，让世界看到中国的历史文化底蕴，以及中国原型师的创造力与想象力。

　　伴随着国内精神艺术需求的日益增长，原创性艺术作品越来越受追捧，原创的环境也越来越趋于成熟。在很多角落，不乏一些执着于原创的匠人，为了一份内心的坚持与热爱在默默坚持着，等待有朝一日的绽放。在未来，中国原创 GK 作品的成长空间会更加巨大。

　　本书收录了国内优秀原型师们近期的主要作品和制作构思过程，展示了一些原创的创意思路，希望大家能喜欢。

皆空造物工作室

简介:
工作室成立于 2018 年, 致力于 GK
模型的开发和创作。作品多以怪力
乱神等题材为切入点, 融合东方传
统文化和西方现代造型元素, 多样
化地呈现作品的趣味和魅力。

陆玖

GK 创作问答

你私底下是一个什么样的人？

我是一个甘于平凡却不甘于平凡的溃败的人。

在工作室的一天是怎么安排的呢？

基本都是睡醒吃完饭就开始构思或考虑设计雕塑模型，然后一直干到晚上才休息。我比较偏向依靠情绪和感觉的带动来干活。

可以介绍一下你的工作环境吗？

工作室设立在自己的家里，客厅被改成了模型展厅，客房被改成了工作室。家里基本上是被模型包围的一个工作环境。

在创作过程中是怎么分配时间的呢？

我的创作比较靠感觉或者临场发挥，所以有感觉就做，没感觉就停下更换其他模型或者设计。

商业创作和个人创作对你来说有什么区别呢？

商业创作是在自己审美的基础上去考虑量产、成本控制、市场定向等问题。比较偏向以达成甲方要求或者买家方向来衡量作品的质量。而个人创作就不考虑市场喜好，不考虑任何限制元素，只考虑自身喜欢的题材和表达。

在创作中是更享受过程还是更注重结果？

一般是更享受过程。

是哪个创作者或者哪件作品带你入门

GK 的？哪个作者对你影响最深？

带我入门的 GK 作品是末那工作室的《化生地藏》。影响我最深的作者是零蜘蛛（李少民）和竹谷隆之。

对你来说，创作中不可或缺的元素是什么？

我觉得不可或缺的是中西元素相结合，用东方的意、韵、故事和文化，用西方的写实、结构和视觉冲击来相互融合。

你觉得国内的原型师和国外的原型师的作品最大的区别是什么？

最大的区别应该是题材选择上，我们国内的原型师更愿意体现中国文化。

通常你的灵感与创作想法都源于哪里？

我的灵感与创作想法有一部分来源于影视动漫、小说、游戏等，有一部分来源于前辈作者的一些作品，还有一部分是可能某些事情和情绪甚至梦境让我有了创作灵感。

中国传统文化在哪方面影响了对你的创作？

影响了我在架构模型设计的时候植入的内核，可能我的表达手法比较写实，但是往往概念、背景故事、人文情怀等更具中国传统些。

能描述一下你最满意的作品和它的创作过程吗？

我最满意的作品是《心猿/悟空》，在概念设计的时候我就用了很多喜欢的元素，比如用生化元素来表达悟空魔性的一面，用生物结构的感觉来代替鬼怪扭曲的效果。它有严谨造型的提取，有扭曲造型的提取，有灵动造型的提取。我探索和寻找自己的喜好和理解，做加减法，希望能摸索出自己满意的造型。

如果创作陷进瓶颈期的话会选择什么样的方式去解决？

一般会选择放到一边不继续做下去，去做其他模型。放一段时间后再来重新审视之前烂尾创作，因为每个阶段会有不同的感悟和理解，在放下的过程中，脑子也会自然而然地产生不同的想法。

你平时会收藏其他原型师的 GK 作品吗？

会收藏其他原型师的作品，目前最喜欢的是竹谷隆之的异形 GK。

从每一个作品的设计到售卖的过程中，有没有发生过令你难忘的事情？

售卖的过程中最难忘的应该是顾客觉得对僵尸神鬼类型题材比较忌讳，但这些作品其实都体现了中国传统民俗文化元素和影视架构。

未来长期或者短期有什么计划或者目标吗？

我会持续创作怪力乱神的题材，持续输出中国文化题材的创作。

如果有天不再做 GK 了，你会做什么？

我想可能会去摆摊卖点自己做的卡通面包或者点心吧。

创意思路：

孙悟空，这个中国第一超级英雄身上有着我们向往的一切。他一直是皆空造物创作的主题之一。心猿，那只桀骜不驯的猴子，满腔抱负，狂傲自信，为世俗不平而愤怒，想天下之战无不胜之。我们都曾是那无法无天的猴子，想要踏天庭碎凌霄，却渐渐向现实妥协，在生活九九八十一难面前挣扎、战斗……

这是三年来我一直反复推敲、打磨的一个造型设计。

做好自己心中的那个孙悟空……

材质为 PU（聚氨酯）树脂、PVC（聚氯乙烯）和黄铜

一念无明，

但行前路！

无问西东，

以梦为马！

秽土之臣——妖尸道长 原型雕塑：陆玖 逸彩版涂装：龚滋辰

创意思路：
题材源于一本僵尸小说，里面"封印"着各种僵尸。想以此系列作品致敬林正英（僵尸片演员），我心中永远的僵尸道长！

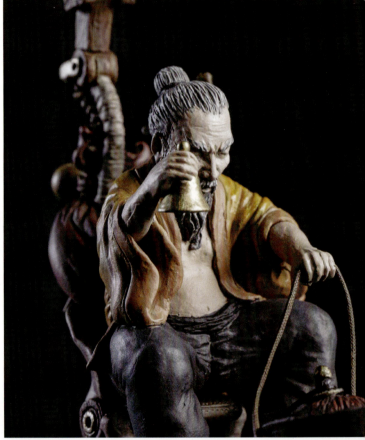

半碗清水照乾坤，

一张灵符命鬼神。

脚踏阴阳八卦步，

手执木剑斩妖魂。

作品尺寸：
18cm（长）×10cm（宽）×25cm（高）

创意思路：
曾是起草给朋友的题材，如今用奇思妙想的立体造型来呈现。
材质为高级 PU 树脂和软 PU 树脂。

红绳糯米今犹在，
不见当年捉鬼人。
黄布道衣铸英灵，
一世清明正气存。

作品尺寸：
僵尸：15cm（长）×5.5cm（宽）
棺材：21cm（长）×9.5cm（宽）×10cm（高）

创意思路：

作品灵感来自《西游记》的定海神针。金箍棒一头被魔化效果包裹，另一头是破裂露出古朴的棒子。

悟空做得比较贴合原著的描写，矮小的猴子使得巨大的棒子显得霸道、有张力。斗篷作为一个曲线支架地台支撑起整个作品。动静结合看起来很有空间感。

材质为高级 PU 树脂。

作品尺寸：
11cm（长）×23cm（宽）×30cm（高）

一相皆空 作者：陆玖

创意思路：

这是一个对皆空造物来说，有"初心"的作品。它如同平凡的我们一直面临着现实与理想的挣扎。初梦未灭，不负初心，不负卿。

材质为 PU 树脂和金属。

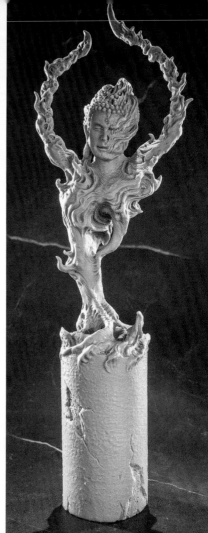

作品尺寸：15cm（长）×15cm（宽）×47cm（高）

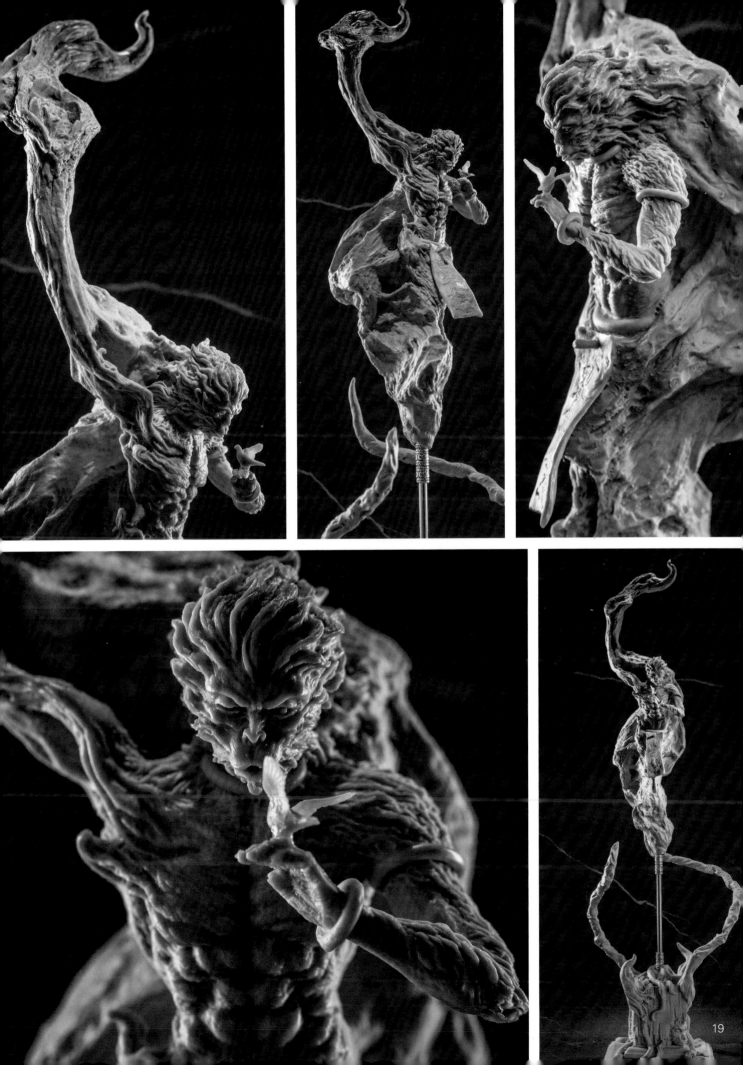

冯阳昆工作室

冯阳昆　　　　　　　　　　　　　张晓思

简介：
工作室负责人为冯阳昆和张晓思。原型师冯阳昆，2008年毕业于天津美术学院雕塑系，2017年成为全职原型师。曾经获得过末那x腾讯斗战神原型制作比赛季军、52Toys造物大赛原型比赛季军和52toys x腾讯王者·匠临比赛传统雕塑写实组冠军。"喜欢设计奇怪的角色，特别是美女和怪兽的结合，有其独特的魅力。"
涂装师张晓思2007年毕业于鲁迅美术学院水彩专业，曾在大学期间获得过辽宁省水彩双年展学院奖，2007—2017年在广州网易游戏部工作，职位是游戏角色制作师。2017年成为全职涂装师，涂装多款one off展会作品。"喜欢在颜色的世界里不断尝试，因为颜色使我兴奋，希望一直在这条路上。"

GK 创作问答

你私底下是一个什么样的人？
一个边雕东西边打炉石的人……

在工作室的一天是怎么安排的呢？
早上起来吃完饭边听播客边玩炉石边雕东西，直到中午吃饭。午休 1 个小时。下午继续边听播客边玩炉石边雕东西。吃完晚饭去散散步。晚上回来边看剧边雕东西，然后睡觉……

可以介绍一下你的工作环境吗？
就是家里，放满了我做的或是我买的玩具。还有周围散落着各种乱七八糟的零件而无从下手的工作台和一台用了快十年的台式机……

一般在创作过程中是怎么分配时间的呢？
没有认真分配时间，做不动了就换一个。之后有想法了再拿出之前的来做。

商业创作和个人创作对你来说有什么区别？又会如何取得一个平衡呢？
创作基本属于一边倒状态，离职后就基本没有做过商业创作。

在创作中是更享受过程还是更注重结果？
过程吧，结果有时候是无法预料的，所以创作过程才是重要的。

你觉得是哪个创作者或者哪件作品带你入门 GK 的？
其实也没有某一个作品或是创作者，基本就是小时候一直喜欢科幻电影或是动画片就会去找相对应的玩具。找不到或是买不起的话就只有自己动手。只要好玩或是有想法我个人都很喜欢。

对你来说，选择创作的方向和风格不可或缺的元素是什么？
我现阶段的创作比较在乎的还是角色的对比以及冲突感的建立。风格的话我还在不停地尝试各种元素，尽量不让自己框在某一种风格里。至于用哪种元素，还是要具体看作品，会根据角色的气质来决定。

你觉得国内的原型师和国外的原型师最大的区别是什么？
我感觉区别会有些但是应该也不会太大，现在国内作者也很多元。如果硬要说区别的话，最根本的还是文化上的吧，说简单点就是从小听到的故事不同。

通常你的灵感与创作想法来源于哪里？
我也没有啥特定的灵感获取渠道。我比较喜欢勾草稿，多看多记。不管是电影、漫画还是画册，甚至是音乐，都可以从中找到灵感。随时有一本本子在手边记录下来。之后要做啥的话多翻下自己的本子，找到当时的感觉，基本就是我创作想法的来源。

中国传统文化在哪方面影响了你的创作？
潜移默化的吧。其实我个人接触欧美科幻和日本漫画还挺早的。听得比较多的是评书或是一些网络小说。有时候对语言描述的场景，脑子里会产生相关的想象，比如某个大将攻城夺寨的场面啥的。

能描述一下你最满意的作品和它的创作过程吗？
最满意的现在应该还没有吧。每一个作品或多或少都还有些遗憾，所以我的习惯就是不断地迭代一些角色，希望下一个可以再稍微好一点。创作过程的话也是经常性地推翻重来。

如果创作陷进瓶颈期的话会选择什么样的方式去解决？
两种方法吧。一种就是死磕，经常晚上失眠或是做梦还在做。不停地尝试不停地修改或是重新起稿也是常有的事情。另一种就是放着开始下一个作品的制作，等到想通了再回来制作。

你平时会收藏其他原型师的 GK 作品吗？最喜欢的一个作品是什么呢？
我家里已经堆积了一堆作品了。每一个都有可以参考的地方。最喜欢的应该就是看上还没有入手的那只吧，得不到的东西永远是最"香"的，对吧。有时候这种求而不得的感觉也是促进自己创作的一种很重要的动力。现在还没得到的就是李欢的《燃魂》《影藏》，十分推荐。

从每一个作品的设计到售卖的过程中，有没有发生过令你难忘的事情？
一般有个好的想法冒出来的时候，无论几点我都会记录下来，记录的过程都比较难忘。制作的时候也还是有不少好玩的点，比如大型快出来的时候或是进烤箱的时候。还有翻模到手的时候或是配色的时候，再有就是在展会上贩售的时候都还是很难忘的。

未来长期或者短期有什么计划或者目标吗？
基本就是完成我本子上不停累积的设计。有机会把这些角色串起来应该也是很过瘾的一件事了。

如果不再做 GK 了，你会做什么？
如果不做 GK 了我想尝试制作一款可动产品，其实我设计的很多角色做可动把玩性产品应该都还不错，或是做些影视相关的设定应该也是不错的选择。总之，不做 GK 了应该还是有不少好玩的事情可以做的。

创意思路：

这是一款做了大半年的作品，这个作品的制作基本可以追溯到为去年 WF 上海制作《颂魂者》胸像之前。在制作那款胸像的时候，我就一直想做一个有着教堂背景的大场景。于是在去年 WF 结束后，着手开始制作了。

一开始想做一个立像，这个角色最早的灵感来自一款老游戏《圣战群英传 2》。不知道大家是否玩过这款古早的战棋类游戏，这款作品的美术风格可以说对我影响很深。搭建到这个时候，发现中间这个角色气势不够，纠结了很久还是把这个站着的方案废弃了。

边制作边完善的设定，各种奇怪的试验以及跑偏的各种其他尝试之后一度找不到灵感。谢谢 junepop 兄，没事就过来记录我混乱的工作台。

Corruption 白模

随着稿子定下来，正式的角色也开始搭建。关于之前那个站立的雕像，我也想到了一个很好的点子来更好地展示。

在翻模以及上色阶段和我老婆聊如
何把这件作品提高到一件真正的 one
off。我这边去送翻模，她就负责开始找
大量参考。

创意思路：

这个作品名字的由来算是谐音吧。之前有在微博上打趣说征集名字，星亮的留言启发了我，在想不出啥有意思的名字的情况下不如就来个谐音。其实用这个名字也是因为写出来比较好看。

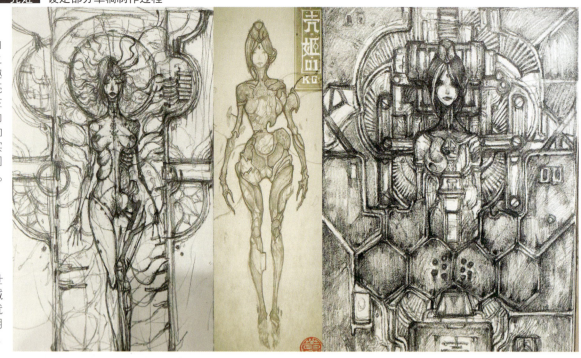

个人比较喜欢 20 世纪 80 年代老机械风格的东西，于是就开始找各种材料用于场景的制作参考。

草稿部分在这里一次性放出，其实也没有几张，我做东西还是边做边想的。

人形制作过程：

还是老样子，以泥稿为主，这次不一样的地方就是用了很多钟表的机械原件，不过这种方法不推荐大家使用，因为之后翻制时给我带来了很多没必要的麻烦。

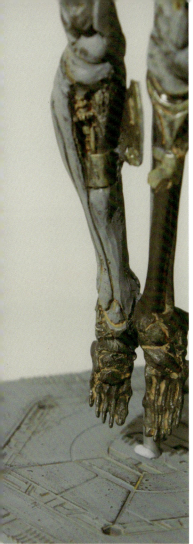

作品尺寸：
25cm（长）×23cm（宽）×42cm（高）

创意思路：

这款作品最早源于之前的一个头像的练习。还是之前说的，一件作品的开始必须是一张有"意思"的脸。

这里有一个贯彻后面再创作的点子，就是营造上下两种不同的气氛，包括把下面的大狐狸放到一个封闭的空间下面，比如水、冰。

创意思路:
这个作品灵感来源于《孔雀王》漫画中的一个角色。

1. 草稿部分是个人比较喜欢的部分,计划的时候会有各种可能性,当然如果我做不到平衡的话也很痛苦。

2. 快速用油泥堆砌出大的外形,主要考虑外轮廓,多角度观察,不用在乎细节。

3. 细化局部,这点我和其他原型师不太一样,我比较喜欢边做边上色。这样脑子里一直会有个完整的形象。

4. 用几种不同颜色的彩泥也是为了区分不同的材质。

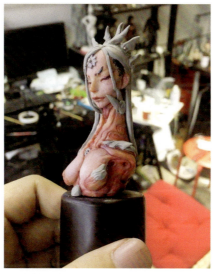

5. 随着局部细节的深入,人物的造型也渐渐明确了起来。

6. 边思考边造型边上色,很快底座也被推演了出来。

7. 在美国土上上色,比在树脂上上色舒服些,可能是树脂不是太吃颜色。

8. 这时效果已经和草稿有些大相径庭了,不过概念的核心没有多大改变。

9. 细节上添加了眼镜,这样会比较有御姐范儿。做得还是粗糙了些,眼镜腿老是断,后来索性就做了半副眼镜,没想到效果还不错。

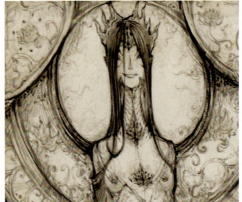

设计草图

未涂装前白模

涂装后效果

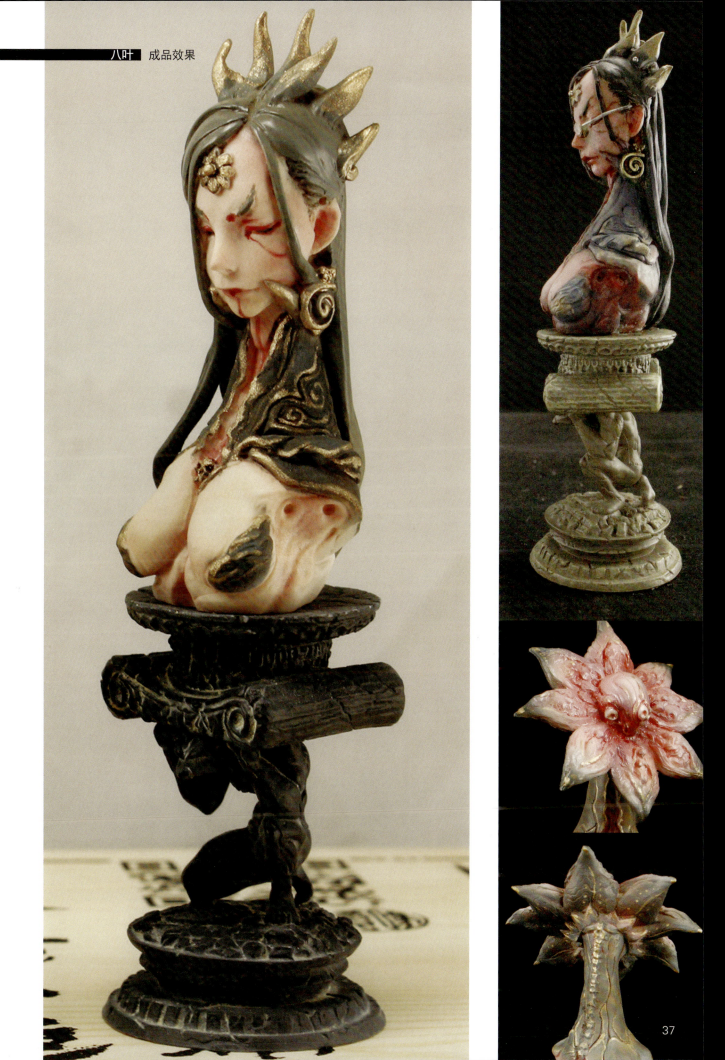

创意思路：
角色是传说中东方的守护神。该守护神慈悲为怀，保护众生，负责守护东胜神洲，护持国土，故名持国天王。其造型为身穿白色甲胄、手持琵琶的女神模样。

使用美国土、米土、毛发等综合材料将角色的局部制作出来，再加以拼装组合。

白模细节

这是比较用心、做工细致的一款产品。涂装包括底座骨质部分是全手涂制作，每个细节都是慢慢推敲刻画的。想要做出一个好作品，真的需要花大把的时间和精力，皮肤总的效果是比较通透、自然的。这次涂装局部效果花了200多个小时。

涂装的重点都放在皮肤的质感刻画上了。过程起起伏伏，经历了比较长的时间，还是觉得有所收获的。最后模型组装好，成果终于完整地展现在眼前了。

草图设计

涂装上采用了素描效
果加少许颜色倾向的
方式，来强化模型本
身的层次。

延续了之前的设定并加以优化，经过了几个
月的制作和反复推敲，白模制作基本成型。

创意思路:

　"广目"解释为很多眼睛,其实是有看透众生的意思,这里截取了广目天佛手的部分,使寓意更加明确。

　手托着龙的造型会让人感觉有那种掌控感。之后拿设定和几个朋友聊了下,觉得设定上有些地方还可以再考究点,于是保留了大的概念:手和美女,加入了一个傀儡红绳的想法。同时,又反复考究了下原始广目天的设定,龙的概念,其实也可以是赤锁。

泥稿的造型区别于草图,需要一定的写实结构,不能过于飘逸、松散。

用美国土制作的原模,把龙的造型以圆环形的构成配在背景上,突出了人物。

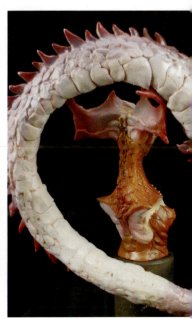

普通版原模组装完工，在构图上还原了草图 普通版涂装完成品 普通版背面
的设计意图，泥稿的细节也处理完成。

创意思路：

这件作品的一部分文本灵感来自《八仙得道传》中对雌雄剑的描写。相传吕祖路过天庭山得雌雄剑，他用此剑斩妖除魔后封印群魔。干将、镆铘对铸剑的执着特别符合"王者·匠临"主题中体现的"匠"字。我少时便知晓雌雄剑、眉间尺、三王墓之典故，今塑像《干将·镆铘》，也了却了一桩心事了。

在设计初期参考了一些古代青铜器具，比如后母戊鼎和四羊方尊，还有一些三星堆的器具造型。也用了比较传统的立俑和坐俑的姿势加以改造。特别是干将，制作时特意把他立得很直，想表现他就像一把剑直插入地中。全身心地铸剑以至于以身祭剑，这不正是我们原型师制作原型的追求吗？

雄剑正在化剑为龙，龙无目则还要继续修行。而雌剑在镆铘怀中，镆铘轻轻地抚摸着剑身，剑身上的血迹已经被镆铘吸入身体并加以封印。

1. 准备铅丝作为模型的内结构材料。

2. 把油泥包裹于内结构之外。

3. 把锡纸包裹于油泥之外后继续包裹肌肉结构。

4. 人物整体还原了草图的构思。

5. 继续塑造人物细节，深入刻画。

6. 服饰细节有很多中国元素的考量，还原了草图的感觉。

7. 进行上色描绘，要注意整体色调的统一。

8. 区分人体，服饰，道具的质感。

9. 把上色的草图立起来与模型实物进行比对，可以感觉草图比较飘逸，实物更具张力。

10. 将塑造出来的镆铘造型放在干将旁边进行比对。

镆铘的造型上色过程和干将类似。注意女性角色特有的色彩感觉要体现出来。

镆铘涂装后各角度造型

《干将·镆铘》的泥模造型

《干将·镆铘》的涂装造型

《干将·镆铘》草稿和涂装完成后的造型

49

王者·匠临——干将·镆铘　完成品

天地出之初兮，
分有阴阳。
铸血肉成宝剑兮，
可辨雌雄。

创意思路：

设计灵感来源于东晋作家郭璞所著时期较早的志怪小说《玄中记》。小说中提道："狐五十岁，能变化为妇人，百岁为美女，为神巫，能知千里外事。善蛊魅，使人迷惑失智。"

渗线版白模造型

仁王工作室

简介：

工作室从东方传统文化中汲取了源源不断的创作灵感，热衷于以自己的艺术语言去重构各类神鬼仙灵、山精野怪。曾参与了多部神怪类影视作品的概念设计及周边制作，如《封神三部曲》《刺杀小说家》等等。如今工作室将更多精力投入原创中，希望能让更多人感受到传统文化的魅力。工作室负责人为仁王。

JIANGHU 仁王

你私底下是一个什么样的人?

我的生活很简单,由于家里就是工作室,每天除了吃饭、睡觉,基本做的都是设计、翻资料、做雕塑等与创作相关的事。除了做创作外,美食也是我为数不多的几个爱好之一,基本上每到一个城市都要去尝尝当地的美食。

在工作室的一天是怎么安排的呢?

早上醒了之后我会先上网看看其他人分享的作品。有了好的点子想法后,就会埋头在屋里做东西。如果遇上自己有新作发售,时间就会比较琐碎,产品的制作、拍照、做图、包装等等,都要我全程去参与。

可以介绍一下你的工作环境吗?

家里腾了一间屋子做工作室,空间虽然不大,但采光很好。我为此定制了一个环绕整个房间的桌子,按每面墙区分了制作原型的区域、拍照做图的区域和收藏收纳的地方,最大限度地将空间利用了起来。藏品工作间放不下,就在客厅做了整面墙的书柜,在客厅或是阳台翻查资料也更悠闲、轻松。

一般在创作过程中是怎么分配时间的呢?

通常我会同一时间做好几样作品,每个造型角色在脑子里都有一个模糊的影像,需要快速地把它们基本的样子用泥塑的方式做出来,可能只是简单的一个剪影。大的感觉和方向对了,我就会逐个推敲每一个作品,哪个有好的想法再继续推进。有了灵感我就必须立刻深入,不能让灵感溜走,这也是我总是有非常多的"坑"待填的原因,但这就是乐趣呀!

商业创作和个人创作对你来说有什么区别?又会如何取得一个平衡呢?

其实就是个"度"的控制,个人创作大多是一种自然而然的状态,完全是取悦自己,满足自己。商单在带有我个人风格的同时也会注重满足甲方的需求,能将这两方面融合代表了外界对我的认可。

在创作中是更享受过程还是更注重结果?

享受过程。状态、灵感都在线的时候,一气呵成的过程是愉悦的畅快的当然,大部分的时候是不顺畅的,有的时候没有灵感,有时甚至会卡顿很久。所谓"结果",其实就是每一种不同体验的"过程"的集合,最后作品完成的时候,也是对那些过程的一个总结。

你觉得是哪个创作者或者哪件作品带你入门 GK 的,或者说是对你影响最深的?

以前很喜欢看一些电影的幕后花絮,偶然在一本杂志上看到 Steve Wang 的一系列作品,惊叹于他惊人的造型功底和对于细节的刻画。于是我对怎么设计、制作电影里面的生物怪兽模型特别神往,后来也从事了电影行业,白天忙于电影项目,晚上自己尝试创作,慢慢地我的重心也从电影的生物模型转到完全满足自己创作欲的 GK 原型上了。

对你来说,所选择创作的方向和风格不可或缺的元素是什么?

传统元素就是我所有作品创作的出发点和灵感的源头。古代纹样、皮影、国画、壁画、塑像等等,传统元素可以说是取之不尽、用之不竭。

你觉得国内的原型师和日本或美国的原型师的作品最大的区别是什么?

日本和美国的影视动漫兴起得比较早,加上各类的线下展会,给原型师提供了很大的平台和创作空间。我们最独特的财富就是我们有着几千年的文化积累,目前展现的只是冰山一角,还有太多的东西没有展现出来,这些都是可以在以后的作品来展现。

通常你的灵感与创作想法来源于哪里?

我喜欢看古代寺庙的壁画、各种神仙鬼怪的造像、民间的工艺等等。每次做东西前都要先翻看一遍有关的资料,每次都有新的体会,创作的时候代入感就更强。有时候感叹古代人的想象力真是太厉害了。总是那么独特、有味道。

中国传统文化在哪方面影响了你的创作?

是整体思想观念的转变。之前一些作品只是过于强调表面外观的塑造,后期的创作更多地注重表现造型的整体气势。另外表现方式也有所改变,我记得有一次我在雕塑一件神兽的作品,我想让它的毛发和以往的塑造不同,我试着像绘画一样用二维的方式去表现毛发的形态,最后的效果还不错。

能描述一下你最满意的作品和它的创作过程吗?

"狮驼岭"是我第一个采用群集式的一套作品,在设计单个角色造型的同时更专注整体作品的可观性、把玩自由度和角色之间的互动性,通过调整它们之间的比例、动作、面部神态来还原一个妖怪的生活场景,这是让我觉得最有意思的地方。

如果创作陷进瓶颈期的话会选择什么样的方式去解决?

我同时会开始几个创作,如果其中某一个遇到创作瓶颈我也不强求什么,不同作品换着做或者做些别的事情,出去走走,让自己放空一下,等什么时候灵感突然回来了,再接着做。

你平时会收藏其他原型师的GK作品吗?最喜欢的一个作品是什么呢?

太多了,遇到喜欢的就会买,不光是 GK 模型,绘画作品等我都会收藏,做东西的同时还能欣赏这些佳作是一种享受。

从每一个作品的设计到售卖的过程中,有没有发生过令你难忘的事情?

都是一个个的瞬间。之前我在创作上投入了大量的时间,很少把注意力放在旁的事物上,直到自己开始作为独立原型师,需要事事亲力亲为后才发现有非常多缺乏经验的方面,在这个过程中家人和朋友们帮助了我很多,我非常感激他们。

未来长期或者短期有什么计划或者目标吗?

我会继续尝试做些大型的群集式的作品,现在计划里已经拟定了几个,集群中的部分角色也已经做了七七八八了。具体的我想在集群完成时再一起展示,暂时先保密,哈哈。

如果有天不再做 GK 了,你会做什么?

没想过,一天不做点东西我就会心痒发慌,它已经是我生活当中的一部分了,就像吃饭、睡觉那样重要。所以现在有些难以想象不做 GK 能去做什么,大概是开个餐馆做厨子吧,哈哈。

创意思路：

金乌是中国古代神话传说中的神鸟，蹲居于太阳中央，被视作太阳运行的使者。

人们敬仰太阳，也将金乌作为祥瑞的象征来崇拜。

我用油泥来制作心中的金乌。

作品尺寸：
10cm（长）×12cm（宽）×31cm（高）

创意思路：

此形象出自古籍。王琰《冥祥记》中有
描述：牛头阿旁，地狱之鬼卒，或为牛
头之形，或为马头之形，形甚长壮，手
执铁叉，两脚牛蹄，力壮排山。

大概"凶神恶煞"就是用来形容它的吧？

作品尺寸：31cm（长）×17.5cm（宽）×13.5 cm（高）

创意思路：

《西游记》中从乌鸡国到狮驼岭都出现了狮子精，第九十回中还出现了整个"狮子家族"，其中有个叫作九灵元圣的狮子，是太乙救苦天尊的坐骑，被众多狮子精尊称为祖翁，旗下徒子徒孙无数。它趁天尊狮奴偷喝太乙天尊的轮回琼浆玉液沉醉之际私下凡间，在玉华州竹节山九曲盘桓洞落草为妖三年，并收下黄狮、狻猊、抟象狮、白泽等等。于是我觉得把妖怪中的"狮子家族"做出来会很有意思。

在设计狮头的角色造型时，我想起之前看过的各地的舞狮文化，狮头的造型各异，它们的面孔千奇百怪，有的长角似人形，有的则像龙和其他兽类的混合体，妙在似与不似之间，加上艺人夸张的造型手法，看一眼就忘不了。

作品的呈现借鉴了古代"符牌"。"符牌"大多由竹、木、金、石、玉器制成，相当于现代的身份证件。

狮子家族的妖怪成员可能将"狮符"当作身份证件使用，上面有各自的头像和名号。妖怪的世界也是有自己的一套秩序，非常有趣。

创意思路：

"狮驼岭"系列是我以《西游记》狮驼岭章节为背景创作的一个群像作品。这部经典的神魔小说，提供了很多灵感，其中涉及妖怪最多回目的狮驼岭章节，对群妖的描写既细致又各有特点，最能打动我。

作品尺寸：
青狮 15cm（长）×12cm（宽）×16cm（高）
大鹏 16cm（长）×10cm（宽）×17cm（高）
白象 11cm（长）×12cm（宽）×15cm（高）

在设计神态动作各异的单个角色造型时，我更关注作品整体的可观性和把玩自由度。我想还原一个妖怪洞府中的生活场景，当玩家调整各个角色之间的站位比例，妖王、妖兵之间的互动也是随时在变化的，不同人看到的将会是不同的故事。

"凿牙锯齿，圆头方面。声吼若雷，眼光如电。仰鼻朝天，赤眉飘焰。但行处，百兽心慌；若坐下，群魔胆战。这一个是兽中王，青毛狮子怪。

金翅鲲头，星睛豹眼。振北图南，刚强勇敢。变生翱翔，鹗笑龙惨。抟风翻百鸟藏头，舒利爪诸禽丧胆。这个是云程九万的大鹏雕。

凤目金睛，黄牙粗腿。长鼻银毛，看头似尾。圆额皱眉，身躯磊磊。细声如窈窕佳人，玉面似牛头恶鬼。这一个是藏齿修身多年的黄牙老象。

手下小妖，南岭上有五千，北岭上有五千，东路口有一万，西路口有一万；巡哨的有四五千，把门的也有一万；烧火的无数，打柴的也无数：共计算有四万七八千。"

——《西游记》

创意思路：

两件小作都与虎相关，从古至今虎在中国的文化演变中扮演了很多种角色，在自然界中是百兽之长、山兽之君。古人敬畏它，把它的形象用在自己部族图腾上，把它看作祈福辟邪守护神。在传统文化中，虎的元素也是无处不在，从青铜玉器到民间的手工艺品，处处透露出我们崇拜虎、喜爱虎的意识、观念。

水唬子的灵感来源于网络热门生物"水猴子"。它只是个食不果腹的普通猴子，过着战战兢兢的生活。但有一天它捡到了一张虎皮，用威严强大的背影伪装自己，唬住了各种天敌。每当想到这些，我都忍俊不禁，于是便有了《水唬子》这件作品。

作品尺寸：
5cm（长）×4.5cm（宽）×18cm（高）

《食鬼卣》的创意来自一件商代晚期的青铜器《虎食人卣》(卣,古人在祭祀时用来盛酒的礼器),从而联想到虎在古文化当中是能够"吞食鬼怪,去除邪祟"的,于是用了一种诙谐、幽默的风格来表现这件作品。

MP.Studio 工作室

简介：
工作室成立于 2000 年，是由艺术家自发组成的兴趣组织团体，发展到目前是具有一定实力的精英团队。创作内核为 "东方的过去、现在和未来"。

团队主要涉及 CG 造型艺术创作 实体手办、装置雕塑的设计开发、学术合作与展览策划、IP 设计及相关艺术衍生品开发、影视与商业授权合作等多圈层领域。其 "大悲宇宙仿佛未来" 系列、"十二地支铜兽" 系列、"生肖十二萌神" 系列等众多作品获得了几千万的流量，圈粉无数。

GK 创作问答

工作室的一天是怎么安排的呢?

一般都是先大概规划一下全天的工作内容,其实工作节奏还是比较轻松的,中间也会喝喝茶,听些舒缓的音乐,遇到一些比较重要的工作,大家会一起严肃地讨论并确定基本的方案和做法。

可以介绍一下工作环境吗?

我们的工作室是在一个艺术园区里,这里基本都是艺术家和手工匠人的工作室,环境非常好,气氛也很融洽。我们内部的工作环境也有不同分区,有办公室、手作间、展厅、休闲接待室、厨房和库房,相对来说工作环境比较专业,设施也比较完备。

一般在创作过程中是怎么分配时间的呢?

这个其实没有一定之规,根据不同的工作内容会进行不同分配。

商业创作和个人创作对你们来说有什么区别?又会如何取得一个平衡呢?

商业创作其实我们接得不多,大部分还是以原创为主。其实一些比较"有营养"的商业创作也是不错的,可以打破一些固有的创作模式和思路,也可以作为有效的补充剂,当然前提是甲方能够尊重我们的创作思路和信任我们的能力,不要过多地干预我们的核心创作过程就好。

在创作中是更享受过程还是更注重结果?

其实两点之间是有关联的,很享受这个过程,把一个简单的思路或者是一幅原画慢慢孵化成一个较为完整的实体作品,会有一种成就感,当然,在你享受这个过程时,你也会全力以赴地投入这个过程中,那么这个作品最终你自己也一定会认可的。

觉得是哪个创作者或者哪件作品带你们入门 GK 的,或者说是对你们影响最深的?

我们接触 GK 其实是比较早的,应该是在 2002 年前后。中国的第一批 GK 玩家,那时候接触的基本上都是国外的作品,以日本的居多,品种并不是很多,但我们都非常地喜欢,甚至有点痴迷。当时也和末那的兄弟们有过一些交流,看到他们做的作品是相当有水准的,这应该是我们后来从事 GK 手办创作的主要原因吧。

对你们来说,所选择创作的方向和风格不可或缺的元素是什么?

中国传统文化蕴含着无穷的魅力,通常我们只了解了皮毛,通过创作可以更好地思考、求证和探索文化并提炼元素符号。我们的创作方向依然坚定走国风之路,风格应该也更偏于东方美学的范畴,中国文化中有太多可以挖掘和转化的东西,希望可以借 GK 让更多年轻人解读咱们自己的文化宝藏,让它继续传播到各个领域和圈层。

你们觉得国内的原型师和日本或美国的原型师的作品最大的区别是什么?

中国其实起步相对比较晚,但是原型师们都非常地努力,我们也是在学习日本和欧美的原型师的过程中慢慢成长起来的。要说到最大的区别,我个人觉得还是本国原生文化的区别,这个刻在骨子里的东西会主宰原型师表达出不一样的内容和感觉。也许是造型,也许是风格,甚至是选用的主题元素。

通常你们的灵感与创作想法来源于哪里?

来源肯定是多方面的,一些中国经典的 IP 形象、一些看过的有意思的书籍和资料、一些合作艺术家的手稿都会给我们带来灵感。

中国传统文化在哪方面影响了你们的创作?

前面讲过,因为我们主要的创作方向就是国风,所以中国传统文化对我们的创作影响是全面的,从选择题材到立体表现的风格感觉,再到最终的设色,我们都尽量做得更有国风味儿一点。

能描述一下你们最满意的作品和它的创作过程吗?

"十二地支铜兽"系列还是很不错的,在圈里的知名度和认可度也比较高,这一套十二尊,历时四年,其中付出的辛苦恐怕只有我们自己最清楚。

如果创作陷进瓶颈期的话会选择什么样的方式去解决?

可以暂时放缓节奏,和圈子里的好友们聊一聊,适当放松有时反而可以找到新的突破。

你们平时会收藏其他原型师的 GK 作品吗?最喜欢的一个作品是什么呢?

会有啊,也收藏了不少。有白模,也有成品,一部分是日本大佬的,国内大部分都是偏向国风类型的。

从每一个作品的设计到售卖的过程中,有没有发生过令你难忘的事情?

"生肖十二萌神"系列在粉丝群限量预售的时候很难忘,大家为了抢限量预定,都提前找到信号强的地方蹲守,结果 200 尊放出来就秒没了。还有之前展会上为了抢会场限定排起的长龙,都印象深刻,真的感谢这些粉丝和玩家,一路支持我们走到现在。

未来长期或者短期有什么计划或者目标吗?

计划其实还是很多的,我们有几条原创产品主线,也有几个非常有特色的合作艺术家,希望一年比一年好吧。

如果有天不再做 GK 了,你会做什么?

这个问题还真的没有想过哈。

创意思路：

中国的十二生肖文化对东南亚、整个亚洲乃至世界都是影响深远的，至今仍然与
人们的生活有着普遍的联系，不但每个人都有自己的属相，并且仍然有纪年的功能。
在礼尚往来的过程中，人们很喜欢送与生肖属相有关联的礼物以图吉利和喜庆。

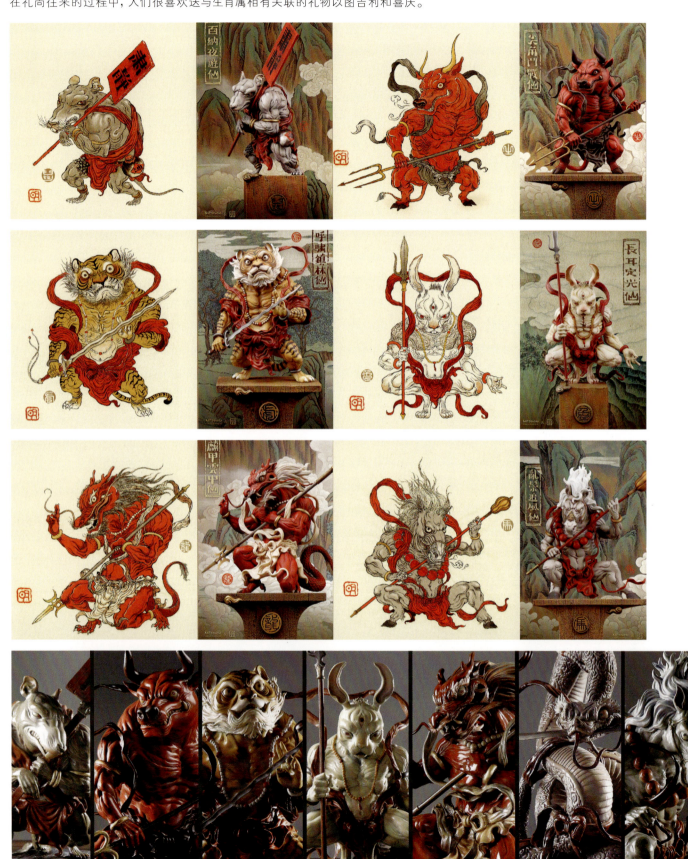

《十二地支铜兽》及《生肖十二萌神》是 MP.Studio 与画家明子合作的国风当代玄幻系列手办作品，历时四年，款款经典，在国内外的影响力非凡。

为什么要做十二生肖系列作品？这里面有中国人的生存智慧。十二个动物分为六组，两两相对，两两互补。储备如鼠，开拓如牛，行动如虎，省思似兔，壮志如龙，隐忍如蛇，不羁如马，温顺如羊，灵动如猴，守恒如鸡，忠勇如狗，随和如猪。性格也需要调和，偏执会失去快乐，圆滑又容易迷失，不是稀里糊涂，是教我们什么事都有个度。

ttwei 工作室

简介:
工作室主要以雕塑模型为主要创作
方向,系列作品不断推新,内容包
括动物、幻想生物、神话传说、概念
插画,作品以限量、限定及 oneoff、
不限量等形式发布,是家独立自主
的个性化艺术工作室。

唐大为

GK 创作问答

你私底下是一个什么样的人?

喜欢安静不太爱说话,但熟悉后话会变多。喜欢篮球、电子游戏、电影,有时也喜欢阅读和思考。

在工作室的一天是怎么安排的呢?

找资料看素材后开始创作,其间会伴随音乐和有声读物或视频,一般做2—3小时会起来活动一下。早上醒来就尽量白天创作,中午醒了就下午和晚上创作。到晚间做累了就会打打游戏、看看电影,天气好也会出门散步,看看人间烟火透透气,周末也会与家人计划出游看展。

可以介绍一下你的工作环境吗?

大部分时间比较乱,因为基本都是亲自制作量产,所以白模、纸盒和包装袋常会堆在角落。定期会搞大清扫,不过一段时间后又会变得混乱。书柜上摆满了原型泥稿和成品,常幻想将来会有更大的空间,其实工作台只要有一小块地方也就足够了。碰到有趣的天气会开门去露台看看天空。

一般在创作过程中是怎么分配时间的呢?

起初会像上班一样刻板规定自己,后来就变得比较随性了,有想法或灵感会开始创作,没有想法时会做些别的,下午和晚上的时间利用率较高。

商业创作和个人创作对你来说有什么区别?又会如何取得一个平衡呢?

我认为二者明显区别在于是否自主。前者需要团队配合,也会带来相对稳定的收益;后者是自我表达,相对自由,但市场是否接受就不确定了。我基本都是个人创作为主,这也与我曾经在设计公司上班有关,一旦陷入商业模式就会变得焦躁不安。

在创作中是更享受过程还是更注重结果?

对我来说是创作过程更享受,结束后的喜悦比较短暂,这尤为体现在大体量、周期性长的复杂作品上。

你觉得是哪个创作者或者哪件作品带你入门GK的,或者说是对你影响最深的?

记得多年前看Simon Lee的作品很是喜悦,看似信手拈来,其实再看里面包含了创作者的性格、想法和控制力。一件好作品就会有让人开心的魔力吧,这需要多年的积累和生活阅历。

对你来说,所选择创作的方向和风格不可或缺的元素是什么?

只要自己喜欢的都可以是方向,风格是作者长期制作中自然形成的东西,也是本身情绪和性格的表达。我追求的不可或缺的元素可能是生物感和思想内核的传递,或者试图寻求一种互相的情感共鸣,这个一直在探索中。

你觉得国内的原型师和日本或美国的原型师的作品最大的区别是什么?

文化背景不同,创作的作品一定会不同。当然国内发展得比较晚,所以也导致借鉴学习的痕迹很重,需要摸索的路还很长。从小受教育和接触的媒体的影响和大环境下意识形态的影响,我们更需要独立的自由意识来启发创作而不是被资本和流行引导,当然这么说也可能过于理想化了。

通常你的灵感与创作想法来源于哪里?

生活认知、网络影响、书籍开悟还有自然本源。

中国传统文化对你的创作有什么影响?

主要是在神话传说、古韵古风的主观浪漫遐想方面,诗词歌赋、碑塔寺庙、字画典籍,虽然生活在现代,但这些都是我们的创作根源。

能描述一下你最满意的作品和它的创作过程吗?

目前还没有,我总是对自己的作品不太满意,一直都是在不断创作尝试当中寻求满足和快乐。

如果创作陷进瓶颈期的话会选择什么样的方式去解决?

会去打游戏、看电影和出去玩,哈哈。

你平时会收藏其他原型师的GK作品吗?最喜欢的一个作品是什么呢?

收藏得其实很少,大部分都是展会期间或私下互送的小礼物。

从每一个作品的设计到售卖的过程中,有没有发生过令你难忘的事情?

创作和售卖其实有太多故事可以讲了,有创作只花一天完成的,也有10个月都还没结束的。有自己觉得一般但大家都想买的,也有自己很满意可市场反响冷淡的。很多时候都事与愿违,还有每次参加展会都会遇到很多有趣的灵魂,也会遇到一些捣乱的家伙。总之现在看都是宝贵的经历,慢慢自己也就不去纠结那么多了,只要把喜欢的做出来,尽力就好。

未来长期或者短期有什么计划或者目标吗?

长期自然是创作更多作品出来,短期可能是先把眼前预售的作品尽快做好发货,准备好未来展会所需的东西吧,再具体和宏观的发展就先保密,哈哈。

如果有天不再做GK了,你会做什么?

如果真有那么一天,我想先去冰岛喝杯啤酒。

创意思路：

白泽，头上有角，山羊胡须。有记载称白泽下知琐事上知天文，通过去晓未来；说人言通情感，可以逢凶化吉。它是我国古代神话中地位崇高的神兽，是祥瑞的象征。悠久绵长的神话历史中体现了祖先美好的愿景与丰富的想象力。

创作中我融入了一些自己的想法，在形貌上做出了很大的改动，使其更像是降福山河万物的守护者，同时天地间山河的灵气也造就了这一德行高尚、无所不知的上古神兽。

尺寸：
直径 30cm
高度 46cm

先整体后局部，再整体而后局部，最后调节比例，每个细部分件处理细化，反复调整。

东山有白泽，祥瑞降人间。
通达锦世缘，浩气长流绵。
鬼神商角乱，群黎待守蓄。
来日温故友，笑谈煮酒仙。
。

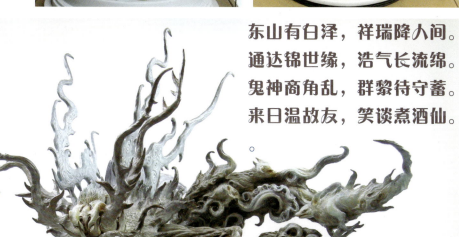

每个形象均有现实依据，再主
观创作发挥想象而完成。

尺寸：直径 32cm 高度 66cm

创意思路：

甲子忧年晃三冬，儿郎转眼似苍松。孤帆叠影行万里，双鱼未见桃花山。坐舟茫然四顾望，此处幻境似庄园。一首优美的诗词引发了创作的灵感。

先整体后局部，再整体而后局部，最后调节比例，每个细部分件处理细化，反复调整，直到完美。

先整体涂装定大色调,再局部分件细化每一处,最后还是拼在一起整体调整统一。

作品正背面的特写。远山近鱼，层峦叠嶂，鱼肚子里绘有飞天壁画。

创意思路：

作品以中国传统神话图腾"四象"（即青龙、白虎、朱雀、玄武）为主题。它们代表节气、地理、方位以及五行等元素，可以说并不是单纯含义上的"神兽"，而是古人流传至今的精神象征和智慧结晶。把"四象"通过纯手工的形式融合在一件作品里对我来说是一次极大的挑战，经历半年的打磨推敲，根据文献资料和自我理解，再现心中的神话形象。

根据一些文献和博物馆的展品绘制草图，简单的线条可能只有自己看得懂。

先整体后局部，再整体而后局部，最后调节比例，每个细部分件处理细化，反复调整，搭建起整体。

四种神兽既要符合传说，也要符合类似动物的造型结构。

先整体涂装定大色调，再局部分件细化每一处，最后还是拼在一起，整体调整统一。

四海浮云任逍遥，

万物始末草木生。

尺寸：直径 32cm　高度 56cm

八荒展翅燎原火，

人鬼莫测玄冥冬。

连绵的群山中，修行的小僧漫步其中，溪
水旁、小桥孤帆青山之上正是千百年来的
一个个传说。当一切尽收眼底时，我的内
心仿佛也回到了那个时空，流连忘返，沉
醉其中。

创意思路：

平行于这个世界的另一个空间，存在着一片神奇的大陆。这里有全新的物种和动植物、复杂的地质、气象变化。这里的主宰不是人类，取而代之的是各种族群和大小体态完全不同的生物。它们有各自的习性和特征。

以此为基础进行未知生物的设计再创作，希望呈现出一个不一样的世界。

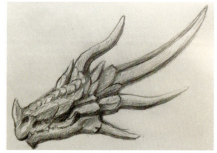
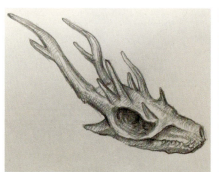

先查阅参考大量生动物骨骼化石的相关书籍，然后选择合适大小的木方做底座。用美国土一点点雕塑成型，过程可能几天也可能几个星期，完成后烤硬，待翻成树脂模型准备上色。

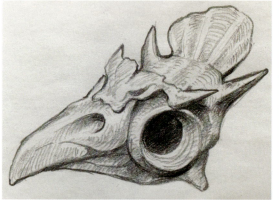
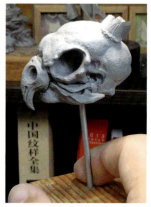

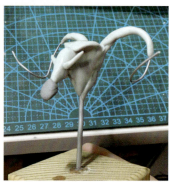

每个形象均有现实依据，发挥想象，经主观创作完成。

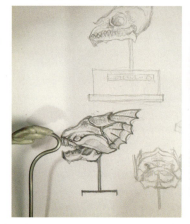

尺寸：5cm（长）×10cm（高）×3cm（宽）

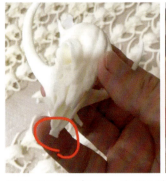 

树脂模型在翻出来后，涂装之前会用丫口
钳把注料口的残留修剪一下。

然后使用美工刀把白模上残留的树脂刮
除，局部大块可能还要用到电钻，确保涂
装的表面达到光洁。

 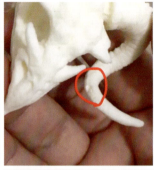

 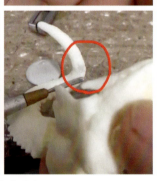

修剪好的白模会有一些气泡和坑洼现象，
使用 AB 补土填补。

用油画或丙烯颜料进行手涂渐变，覆盖
三遍以上会慢慢显现出效果。

用勾兑好的颜料涂满整个模型表面，再
用纸巾擦拭掉表面的颜料，物体所要表
现的肌理感就显现出来了。

喷漆时可根据物体所要展示的效果进行
喷涂，要有个干燥的过程。

先修模，做水口和分模线，然后补缺，再渍洗后做旧，接着渐变扫深，最后放置一段时间后喷漆保护，上光油并打孔。

尺寸：高度 3cm —15cm

创意思路：

这可能是某个探险者收集的盒子，里面是些奇怪的东西，包括大小不一的兽爪、面具、标本和骨头。发现时它并没有上锁，主人走时好像很匆忙，周围还能看到散落的生活用具，感觉他随时都可能再回来。这个盒子发现于大陆西部某遗迹深处一个残破不堪的石室角落里。

德古拉

格伦

瑞克

摩根草

艾贡

鲁本

查尔斯

那芬奈斯

轩辕勾

炎龙爪尖

赤天狗

莉莉丝

小骨头山洞

人们在因赛山脉中发现了许多奇怪的洞穴,内部是各种奇怪生物的栖息之所,其中也有远古狩猎高手们留下的证据。兽骨、木炭和干草证明这里他们居住和生活过。洞室分支堆满了各种生物的头骨,这并不像储备食物的仓库,倒像是显示战功或祭奠的地方。我怀疑这很可能和瑟得人有某种联系。

尺寸: 高度3cm —15cm

不知道走了多久,幽暗的山洞远端飘来了一缕凉风,远处微弱的亮点逐渐变大,原来是出口。刺眼的阳光和斧劈般的峡谷豁然开朗,洞口岩石上不知哪个时期刻画的图案,好像记录了这里发生的一些事件。而在山脚下有几根石柱,石柱中间有一块大石板,上面摆放着类似祭奠用的骨骼和物品,看样子这里已经不知多少年没有来访者经过了。

拓展开发可佩戴的饰品

带底座正面／背面展示,
局部及整体搭配摆放布景

荷西
像极了骆驼的头骨,库莱鲁荒漠里偶尔会见到。看头骨大小生前体形应该不小。

宝丽斯
很明显的特征是头上的大角螺旋上升,下颚后端也不同于一般生物的结构。

耶利哥
龙系头骨,有锋利无比的两排牙齿,眼窝不大,生前一定是个狠角色。

伍德
从外形看应该也是龙系的头骨,角不是很长,与其他家族成员相比少了些帅气,多了些内敛的力量感。这种龙是大陆上古哪个时期的产物不得而知,也许几个世纪前它们共同飞翔在这片天空之上。

卡洛尔
头部骨骼呈甲壳鳞片状,长长的角向后延伸,有明显的棱面,是龙系家族里又一帅气的种族分支。

希恩
一个完整的龙系头骨,颅骨扁平两侧多角且长,牙齿尖锐、整齐,眼窝很大,想来生前应该是个迷人俊俏的长相。

巴德尔
看上去很笨重的头骨,内卷的角上布满了横纹,头像鳄鱼,生前一定是头凶猛的野兽。

布格
看上去很坚固的头骨,后脑有像飞机尾翼一样的凸起,如果活着可能会被当作宠物饲养吧。

塔基娜
明显的鸟类头骨特征,头顶扇形骨冠,小巧玲珑,让人联想生前一定是个可爱的家伙。

人们在因赛山脉深处
众多洞穴中，发现了一
个潮湿、幽暗并且积水
的空间，表面看不出任
何与其他洞穴不同的地
方，逐步深入才发现有
一个通往未知区域的
地下水道。潜入冰冷刺
骨又狭窄幽暗的水中游
向更深处，当隐约感到
一丝光亮抬头换气时，
眼前豁然开朗，一个隐
藏不知多久的密室映
入眼帘，内部陈放着年
代不详的头骨和一些
加工痕迹明显的面具，
这显然不是自然形成
的，到底是何人何时放
在这儿的呢？也许只有
继续深入探索才会知
道……

创意思路：

龙是古代神话中的动物，为鳞虫之长，是中华民族的象征。相传蛇化成龙有几个阶段：蛇五百年成蟒，蟒五百年成蚺，蚺五百年成蛟，蛟五百年成螭，螭五百年成虬，虬五百年成应龙，故成龙者历劫三千春秋方得大道。

根据华夏传统龙文化的传说，发现于大陆东方神秘文明遗迹中，有别于其他地区的生物头骨，这具完整的骨架被完整地保存了下来，好像有意被作为收藏物展示。

材质：
龙（树脂）
底座（黑檀木）
铭牌（铜）

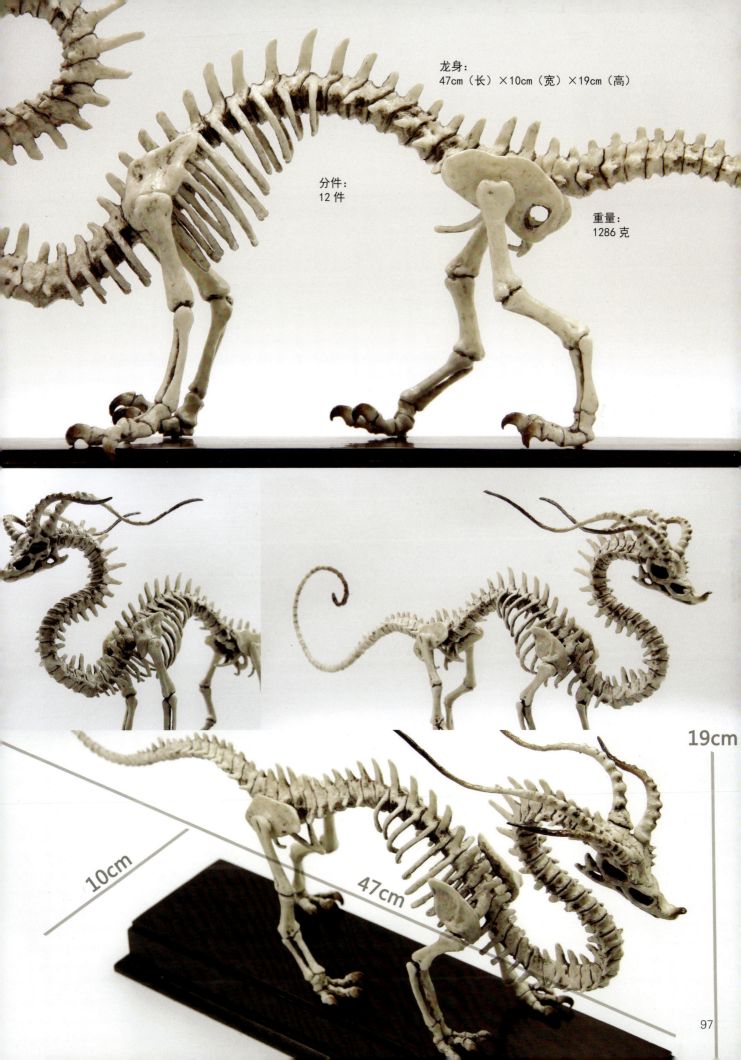

龙身:
47cm（长）×10cm（宽）×19cm（高）

分件:
12 件

重量:
1286 克

19cm

10cm

47cm

圣徒工作室

简介:

2013 年成立的原创类手办雕像工作室,位于山西省太原市。现有 4 名成员,曾多次参与世界范围的手办原型、电影概念设计与合作,并在早年多次参加国际及国内手办原型设计比赛并获得不俗成绩。

工作室负责人为圣徒,致力于创作中国神话、奇幻、国风题材类手办雕像,通过手办雕像的创作使广大爱好者和收藏者认识并更深地了解手办行业,了解中国传统文化,更进一步推广、传播中国文化。

圣徒

你私底下是一个什么样的人?

我私底下算是一个比较阳光、随和的人,喜欢跟志同道合的朋友聊天、喝茶。一些创作灵感往往都是在聊天中获得的,所以很享受这样的过程。

在工作室的一天是怎么安排的呢?

也没有特定的安排,由于目前工作室也承接一些外包订单,工作量大的时候会比较忙,经常工作室 4 个人在一起讨论开会制定项目内容。工作不是很紧张的时候,大家会各做各的,研究一下原创作品,设计制作一些原创题材。

可以介绍一下你的工作环境吗?

我们是在小区里把居民楼改成了工作室,因为人员也不多,所以没有打算扩大规模,这样的一个小小的乌托邦其实还是很舒服、惬意的。

一般在创作过程中是怎么分配时间的呢?

其实没有怎么去计划过时间,因为在创作灵感突然爆发的时候,会觉得时间都不够用,自然会经常熬夜或者长时间进行创作,所以也就不存在时间分配的问题,搞设计的都懂,哈哈。

商业创作和个人创作对你来说有什么区别?又会如何取得一个平衡呢?

个人感觉商业创作的话更容易些,甲方会给到特定的角色,直接按照图纸来做就可以。如果个人创作的话会花更多的心思和精力去设计,会在比较空闲的时候来进行。

在创作中是更享受过程还是更注重结果?

其实这两个方面是相等的,过程中觉得很享受,会非常投入其中,自然对结果会很期待。能看到自己的设计理念实体化,是非常有成就感的。如果同时可以受到广大玩家的喜爱和追捧,内心的满足感会更甚。

你觉得是哪个创作者或者哪件作品带你入门 GK 的,或者说是对你影响最深的?

入门其实是在博客中无意看到了国内原型师高彦哲的一个 GK 作品,虽然只有一张图片,但是真的是眼前一亮。雕塑还可以这样做,简直是太帅了。之后就开始在网上查找各种相关的内容,也

跟高彦哲成了非常好的朋友,经常去请教这位老大哥。随后接触到了零蜘蛛的作品,对他的作品风格非常欣赏,我的作品中也出现了很多零蜘蛛风格里的元素。

对你来说,所选择创作的方向和风格不可或缺的元素是什么?

对我而言,创作的方向和风格可能就是一瞬间的冲动,也许是一张图或者一个现实中的画面,比如看到了一个景,再或者是聊天中突然出现的好点子。所以模型的热情是我觉得最不可或缺的元素,只要热情和兴趣在,一切困难都可以克服。

你觉得国内的原型师和日本或美国的原型师的作品最大的区别是什么?

以我工作室为例的话,我觉得作品的表现力和制作工艺跟国外原型师已经很接近了,但还需要多多向他们学习。我认为,国内的原型师喜欢把我们中国的文化元素注入作品中,喜欢给作品讲故事,而国外的原型师更注重外形、视觉的冲击力。

通常你的灵感与创作想法来源于哪里?

我比较喜欢幻想,尤其是自己一个人的时候,会想一些画面感很强的东西。有时候会在脑子里幻想出一个小的世界观,会把里面的人物故事背景都描述出来,如果觉得想法很不错的时候就会拿起笔简单地把脑子里的东西画下来,然后一边创作一边完善作品,其实很多的想法都是很久之前就在脑子里构造好的。

中国传统文化在哪方面影响了你的创作?

我从小对传统文化中的神话和佛教文化比较感兴趣,所以在创作的过程中会融合很多此类的元素进去,更注重作品内在的文化构造,而对形态的要求并没有那么高。

能描述一下你最满意的作品和它的创作过程吗?

我最喜欢的是"战西游"系列和"梦"系列的作品。两个系列是两种截然不同的风格,"梦"系列更偏向于大众的审美,以唯美的中国风为基调,显示的是一种大爱大美的传统美好的场景。而"战西

游"系列则是我更偏爱的暗黑风。《西游记》本身就是从小最喜欢的著作,里面的人物更是深深地吸引我,能够按自己的想法随心所欲地创作其中的角色,是非常享受的一件事。

如果创作陷进瓶颈期的话会选择什么样的方式去解决?

如果创作进入了瓶颈期我会把手头的作品放下,转移注意力,带家人去旅游,约朋友出来聊天或运动一下。一段时间不去想创作的事情,可能在不经意间灵感就会突然出现。

你平时会收藏其他原型师的 GK 作品吗?最喜欢的一个作品是什么呢?

我收藏了很多其他原型师和工作室的作品,其实每一个都是我最喜欢的,不分伯仲,只是在每一段时间内可能喜欢的风格不同,每一件都是佳品。

从每一个作品的设计到售卖的过程中,有没有发生过令你难忘的事情?

有许多的国外玩家非常喜欢我的个人作品。令我很难忘的一件事是一位德国玩家看到我的作品后非常地喜爱,这位德国玩家通过我们国内的代理联系到了我,非常想购买我的作品,经过了两个月的运输,作品到了这位玩家的手中。他用邮件的方式对我表示喜爱。可以收到国外玩家的认可这件事是非常开心的。

未来长期或者短期有什么计划或者目标吗?

长期计划是想把工作室的规模慢慢地扩大,涉猎更多的方面。短期的话,想在未来的两年之内将"梦"系列和"战西游"系列作品的其余几个项目制作完成,早日与大家见面。

如果有天不再做 GK 了,你会做什么?

我没有考虑过这件事,因为感觉这十几年来,从一开始的上学时自己研究到后来如今将模型 GK 慢慢做得成熟,GK 基本已经成了我生活中的一部分,基本每天都会去做模型或者设计模型,如果不去做感觉自己会觉得少些什么。非要说以后会转行的话,我想去一个安静、美丽的地方开一家民宿,每天跟南来北往的朋友聊聊天、喝喝茶,这也是我退休以后最想干的一件事。

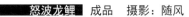

创意思路：

平时比较喜欢养鱼，一日看到鱼缸中的蝴蝶鲤突发奇想想要创作一款单独的鱼，所以将蝴蝶鲤的外形进行了拟人化的处理，并且在配色方面把中国红这样的喜庆色彩加入了进去。

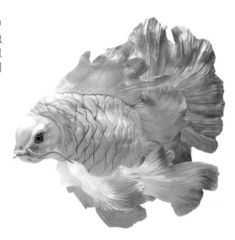

作品尺寸：
20cm（长）×10cm（宽）×30cm（高）

风云倒转，怒波狂卷。
水泽深处，有兽焉，其状如龙。
鳞皆透泽，其音如鹊，可以御火。
其兽千年则现，见则风调雨顺。

创作思路:

以梦为题材,将梦境与少女结合,创作完整梦境画面,呼应梦系列第一款《梦锦》,同样创作成圆形摆台造型,在造型上突破传统的手办模型造型,以中国人的"圆满"为基础,同时加入国风古建筑以及瑞兽仙鹤来点缀整体作品。

云雾氤氲醉仙境,东风袅袅转山屏。

楼亭宇榭水波粼,阶绿浮若见苔青。

曳鸾裙,梦相蒙,双双鹭羽慕娉婷。

佳人抚琴音泠泠,高歌矫首舞叙情。

作品尺寸：20cm（长）×35cm（宽）×43cm（高）

创意思路：
本作品为电脑建模，设计初衷以少女为原型，以梦境中与群游的鱼儿共舞为题材，设计出最具中国风的古典美作品。

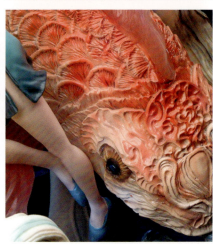

一帘幽梦，
云霄拱簇，
众鲤如百花之拥牡丹；

天池凌波，
龙女似菡萏之濯清涟。

作品尺寸：
45cm（长）×25cm（宽）×40cm（高）

创作思路：

以《西游记》中取经前的孙悟空为原型，将它放荡不羁的样子体现出来，同时将孙悟空刚开始的野性一面制作出来，并加入了一些自己对孙悟空的想法和理解。

孙悟空，长相圆眼睛，查耳朵，满面毛，雷公嘴，面容羸瘦，尖嘴缩腮，身躯像个食松果的猢狲，虽然像人，却比人少腮。从虎腹上割个四四方方一块虎皮，围在腰间，揪了一条葛藤，紧紧束定，遮了下体。白布短小直裰披在身上，将虎皮脱下，联结一处，打一个马面样的折子，勒了藤条，这等样才像个行者。黄发金箍，金睛火眼；身穿锦布直裰，腰系虎皮裙；手拿一条儿金箍铁棒，足踏一双麂皮靴；毛脸雷公嘴，朔腮别土星，查耳额颅阔，獠牙向外生。

作品尺寸：
23cm（长）×60cm（宽）×60cm（高）

创意思路：

兀鹫是一种大型的食腐性褐色鹫类。头和颈部羽毛概退化而裸露，身体和上翼羽毛呈淡棕色至深棕色或褐色，胸腹部羽毛浅色羽轴纹较细，尾呈扁平或圆形而非楔形，虹膜褐色，嘴角质色且具黑色蜡膜，脚暗淡绿黄色。栖息于海平面至海拔 2500 米至 6000 米的山地。生活区域广泛，包括高山森林、苔原森林、开阔多岩的高山、草地、高原草地、灌木丛和半荒漠。造型基本按照写实风格来制作。

作品尺寸：25cm（长）×25cm（宽）×52cm（高）

时仙工作室

简介:
致力于创作幻想生物、传统神话、科幻
等题材的 GK 作品。主要负责人有时仙
和阿鱼两人。工作室目前作品多以幻想
生物以及人物为主，现在已在筹备中的
作品系列有《传统武神》《狩猎骑士》《灭
绝动物快餐店》等。

时仙

GK 创作问答

你私底下是一个什么样的人?

我私底下是一个不太善于社交的人,所以工作室的项目对接和产品售卖都是由我老婆来负责。但是如果遇到了有共同爱好的人就会变得特别爱聊天,可能是我爱好比较多,接触到的朋友都非常有趣,在聊天的过程中也会迸发出许多新想法,这也是我创作灵感的一大来源。

在工作室的一天是怎么安排的呢?

如果有商业订单的话就只好早起按照工作计划一点点完成,如果是个人创作的话就比较随性了,一般开始工作就已经到下午了,听一本自己喜欢的有声书陪自己干活。东北的冬天夜晚很长,我很喜欢这种在寒冬夜里窝在桌前安静创作的感觉,所以做的时间会久一点。如果是夏天,那就等太阳落山了基本也就不做了。

可以介绍一下你的工作环境吗?

像其他很多原型师一样,我们的工作室其实就是我们家的一角,有一个工作台,两台电脑(一台负责建模,另一台负责渲染和打游戏)。工作台后面的架子上我们习惯摆上自己做的玩具,这样看起来会更有趣一点,也会激励我们不断地推陈出新。

一般在创作过程中是怎么分配时间的呢?

我会把主要的时间放在创作前期的思考和灵感的整理上,把初期简单的想法逐渐丰满具象后再去动手做,而做的过程就比较快了。

商业创作和个人创作对你来说有什么区别?又会如何取得一个平衡呢?

商业创作还是要看甲方的具体要求,就像写命题作文一样,在既定框架下进行创作。个人创作就很随性了,更像是写给自己的随笔梦呓。有的时候我都不确定最终成品会是什么样子,可能这也是无边际创作的乐趣吧。

在创作中是更享受过程还是更注重结果?

过程和结果都很重要,我对每一次创作都会付出很多精力和热情,过程很辛苦,但也很享受,就像是经历一次奇幻旅行,我在讲述旅行中遇见的种种故事,那既然付出了这么多,最终成品的结果对我来说就显得格外珍贵了。

你觉得是哪个创作者或者哪件作品带你入门 GK 的,或者说是对你影响最深的?

也就是小学四五年级的样子,具体已经记不清了,一次偶然的机会竟然在地方电视台看见了关于 GK 模型的报道,那时候还在讲"这种作品在欧美已经很流行了,但是在国内属于非常非常小众的东西"。当时就觉得这个东西太有意思了,后来上大学,学的是动画专业,知道了 Mike Nash 参与的《地平线》游戏的概念设计,一下就对那种机械生物的设计喜欢得不得了,就想着要是我也能做一个该多好,从此便一发不可收。

对你来说,所选择创作的方向和风格不可或缺的元素是什么?

幻想动植物、传统神话、机甲、虫人、武士、快餐文化形象、志怪小说形象,什么都想做。

你觉得国内的原型师的作品和日本或美国的原型师的作品最大的区别是什么?

GK 原型作品本来就是一种风格和形式千差万别的艺术,所以我觉得最大的差别就是"差别"本身吧,真要是说有,那应该是原生文化所带来的不同。

通常你的灵感与创作想法来源于哪里?

电影、动画片和小说,听别人讲的故事,观察养的小动物,去别的地方旅行都是灵感与创作想法的来源。

中国传统文化在哪方面影响了你的创作?

最大的影响应该就是对"传统武神"系列创作的启迪,我很喜欢听那些很有历史色彩的民间故事和民俗文化,恰巧我和我老婆都很喜欢参观古迹雕塑,就萌发了创作诸如以"门神""天王像""神像"为基础的原型作品。

能描述一下你最满意的作品和它的创作过程吗?

目前最满意的应该就是生肖计划的《壬寅虎星》吧。当时刚参观完双林寺的韦陀像和其他塑像,大受震撼,再加上之前创作门神的经历,使我非常想再创作一款自己风格同时又有传统感觉的作品。当时拍了很多照片又找了很多素材,因为又是虎年,就决定以"虎年福星"为题材进行了创作。

如果创作陷进瓶颈期的话会选择什么样的方式去解决?

要是没有想法那就先不做了,去看看电影和纪录片,再多想想;要是技术不够了就去看看教程,学习一些新知识。

你平时会收藏其他原型师的 GK 作品吗?最喜欢的一个作品是什么呢?

会,看见喜欢的就会去买。到现在为止没有最喜欢的一个,因为喜欢的不同类型的优秀作品有很多,实在是挑不出来最喜欢的一个。

从每一个作品的设计到售卖的过程中,有没有发生过令你难忘的事情?

当时参加中国 GK 雕像展,因为第一次参加展会非常紧张,也不知道大家会不会喜欢我们的作品。卖的是《伽楼岁》的白模,本来都没想到会有人买,把作品递给玩家的时候激动得手都在抖。

未来长期或者短期有什么计划或者目标吗?

短期计划多出一出作品,争取做出更多成品。如果大家喜欢,我们就会一直坚持下去。

如果有天不再做 GK 了,你会做什么?

可能会开一个家常菜馆吧,人间烟火最抚人心。做菜跟做原型一样,都需要用心和创意。

创意思路：

十二年一个轮回，每一年都会有新的体验和感受。壬寅年我便萌生了创作"生肖守护神"系列的想法，这个作品是生肖计划第一弹，从壬寅虎年开始，计划每一年更新一尊生肖守护神，祈福一年平安顺遂。

以古代文物为骨，以内心所想为血肉，塑造一位跨越传统与幻想的虎年守护神形象，意在表达对这一年的祝福。以前听村里老人们讲过"当祝愿念叨的多了，就会有力量成真"，在此也希望我塑造的守护神能给大家带来好运和力量。今年如此，往后每年亦如此。

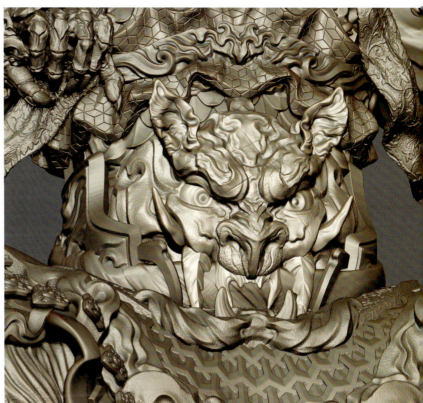

作品尺寸：25cm（长）×32cm（宽）×35cm（高）（含底座）

创意思路：

这是一对在远古时期便已经出现的守护神形象，不同的是他们在得道成神前并不是人而是自然共同孕育而生，包括身上的铠甲也都是生灵所化，共同守护与自然和谐生活的人们，以此来展现我们这一代同时接受传统与流行文化的人对民间神幻故事的理解。

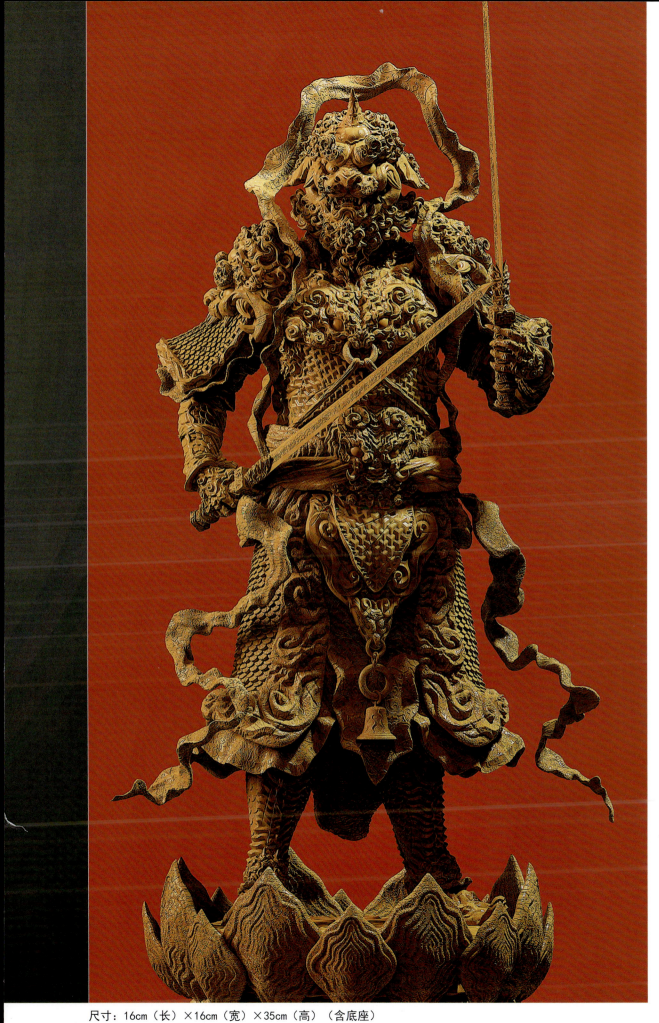

尺寸：16cm（长）×16cm（宽）×35cm（高）（含底座）

言传 & ANNA
工作室

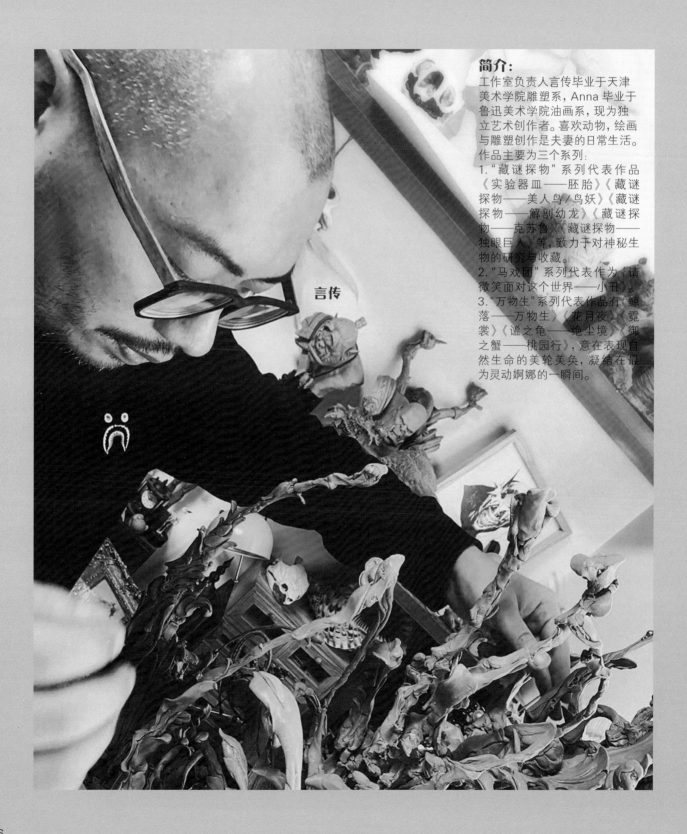

言传

简介：

工作室负责人言传毕业于天津美术学院雕塑系，Anna 毕业于鲁迅美术学院油画系，现为独立艺术创作者。喜欢动物，绘画与雕塑创作是夫妻的日常生活。作品主要为三个系列：

1. "藏谜探物" 系列代表作品《实验器皿——胚胎》《藏谜探物——美人鸟／鸟妖》《藏谜探物——解剖幼龙》《藏谜探物——克苏鲁》《藏谜探物——独眼巨人》等，致力于对神秘生物的研究与收藏。

2. "马戏团" 系列代表作为《请微笑面对这个世界——小丑》。

3. "万物生" 系列代表作品有《鲸落——万物生》《花月夜》《霓裳》《谧之龟——绝尘境》《御之蟹——桃园行》，意在表现自然生命的美轮美奂，凝结在最为灵动婀娜的一瞬间。

GK 创作问答

你私底下是一个什么样的人?

比较宅,有社交障碍。喜欢安静的环境,保持放空的状态。喜欢养鱼养些动植物。

在工作室的一天是怎么安排的呢?

自然醒后就准备创作的事宜,要么动手做东西,要么思考如何创作。每天基本处于这种状态。

可以介绍一下你的工作环境吗?

一个房间改成的工作室,杂货铺那种堆得满满的感觉。

一般在创作过程中是怎么分配时间的呢?

白天杂事较多,可以专注创作的时间基本处于夜晚。

商业创作和个人创作对你来说有什么区别? 又会如何取得一个平衡呢?

商业创作需要多方面沟通,要保证客户的需求,也要保证自身创作的独立性并寻求突破。个人创作更多是强调自身的思考方向,而商业创作是设置好创作范围。对我来说无论哪个点,能从中找到兴趣并能突破和提高自身能力,都是有意思的事情。

在创作中是更享受过程还是更注重结果?

对我而言,我更喜欢过程。喜欢大脑传递到手,不断挖掘的过程。虽然创作大部分时间是纠结并痛苦的。这更像一种修行,不断地磨砺自身。在过程中发现并突破的喜悦是无以言表的,那时,作品随时都可以结束了,至于最后作品的成绩反而不那么重要了。

你觉得是哪个创作者或者哪件作品带你入门 GK 的,或者说是对你影响最深的?

接触 GK 大概是在 2009 年。同一年时间看的竹谷隆之、李少民、Weta 工作室麦克法兰等等一系列的作品,对我来说打开了新世界的大门。概念设计材料应用和创作对雕塑系毕业的我来说是非常震撼的。

对你来说,所选择创作的方向和风格不可或缺的元素是什么?

创作方向和风格是需要长时间的积累才可以形成的,多看多听多想,不停思考,不断创作,时时刻刻体验生活,保持敏锐的嗅觉,这样才能形成自身的符号特征。刻意做出一种风格并强调也是有的,但作品的生命力很难持久。或者说这也是训练的一个办法,要给自己时间。

你觉得国内的原型师和日本或美国的原型师的作品最大的区别是什么?

国内行业环境不比美、日成熟。虽然发展较晚,但近年入行的同学越来越多,创作精力旺盛,百花齐放指日可待。

通常你的灵感与创作想法来源于哪里?

还是跟生活的体验有很大关系。我们喜欢收集标本、养动物,所以对神秘未知的生物比较感兴趣,想像复原古生物一样复原这些未知生物,就有了"藏谜探物"系列。我喜欢花草,看花开花落。一花一世界让 ANNA 有了"万物生"的灵感,便以花为主题展开"万物生"系列。我喜欢荒诞和黑暗美学,所以有了"马戏团"系列。

中国传统文化在哪方面影响了你的创作?

这是流淌在骨血里的。当你看到永乐宫的壁画、双林寺的韦陀,或是《溪山行旅图》等等,这些文明传承所带来的震撼会唤醒血脉,会让你创作作品时更自信。在创作中很多细节不自觉地便会追求一种中式美学。

能描述一下你最满意的作品和它的创作

过程吗?

对目前的作品都比较满意,因为都注入了很大的心血,导致多很多白头发,哈哈! 其中《万物生——鲸落》和与方文山老师合作的《东风破》雕塑作品,无论从体量大小、造型设计、思考方向、语言形式还是创作方式,对我而言都是一次突破。并且一些问题在业内也是一次新的尝试。

如果创作陷进瓶颈期的话会选择什么样的方式去解决?

两个办法: 一是不断地捏泥,不断地画,在创作过程中寻找突破; 二是旅居和看书,放空自己。总结: 学习、思考、感受和放下,总会获得意想不到的结果。

你平时会收藏其他原型师的 GK 作品吗? 最喜欢的一个作品是什么呢?

会。个人喜欢和朋友交换作品。有意义、有价值,有些东西是金不换的。没有最喜欢的,只要能从作品中受益,那样的时刻就很开心。

从每一个作品的设计到售卖的过程中,有没有发生过令你难忘的事情?

这是个孕育的过程。作品让每位藏家喜爱、有共鸣是我所期盼的。依然记得第一位藏家给我的信件。走到如今,感恩各位的支持。一切当尽力而为,是我对藏家和作品的责任。

未来长期或者短期有什么计划或者目标吗?

坚持目前题材继续做下去,完善自己的思路。

如果有天不再做 GK 了,你会做什么?

没想过,身为手艺人只有干不动了才会考虑这种问题吧。

创意思路：

它叫小鸟妖，平时当成金丝雀来养。但它有着哈耳庇厄的凶暴，喜欢滴血的鲜肉。独处时它会唱歌，声音凄美，就像传说中的塞壬（Siren）。当发现我时，它马上就回归了安静。它装作优雅地思考，幽暗的环境会让它感到舒适。外面正在下雨，它又开始唱歌了，看样子很开心。记得那天在一座海岛的密林处发现有群人形飞禽带着骨质面具围猎一只海蜥蜴，我趁机捕回一只受伤昏厥的鸟人带回家疗养研究。它不止有着似人类的身体与鸟类的特征，也很聪明，而且爪、飞羽、背羽、尾羽都很特别。古籍和神话中都有鸟妖的记载。例如古希腊的复仇三姐妹和但丁的《神曲》，中国的《山海经》中的勾芒、弇兹等。他们之间是否有远亲关系呢？

创意思路：

有段时间，我异常痴迷龙这种生物，这种作为纽带连接着东西方的家伙成了我研究的对象。我得到的一份影像资料模糊地记录了龙的身影，给我资料的老人告诉我小岛的位置，我便起身出发。整整四天，一无所获。白天的失望比航海的筋疲力尽来得更加凶猛，可是到了夜晚，能从树洞里听到浅吟低吼，没我想象的那般沉厚，倒是脆生生的。空气里还有一阵阵的余热，我总是觉得我可以发现它们。自那天起到第二天的晚上，我一路追着微微发蓝的血迹找到了一处丛林，浓密的叶子后藏着我梦寐以求的生物——一只粉白色的龙，这天地造出来的巨物全身在月光的照射下发光，舔舐着肚子下的什么一阵低吼，我能听到它的悲伤。这只龙徘徊了许久，我留恋了一会正当要离开，它挥翅飞走了，草丛中留下了一只蜷起来的小龙，身体已经接近冰凉。我把它揣在我的布包里赶回住地，依旧没能挽回它的生命。它身体的一侧受了很重的伤，大概不知道什么其他的生物趁母龙不注意的时候攻击了它，我去除了它的所有伤口，留下了这只半龙半骨的标本，它和神话一样安静地在我的抽屉里沉睡。

到了今天，我还时不时去那座小岛，只是再也没有发现过那晚的龙、那晚的星。

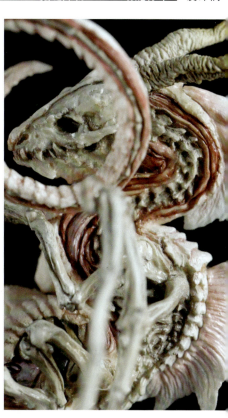

创意思路:

这只幼小的克苏鲁塑化标本,它似在沉睡,凝视过久会发生精神接触。学会拥抱黑暗吧,我的朋友,因为我们已身处黑暗之中。我们已经很难像祖先一样对未知产生敬畏和恐惧。

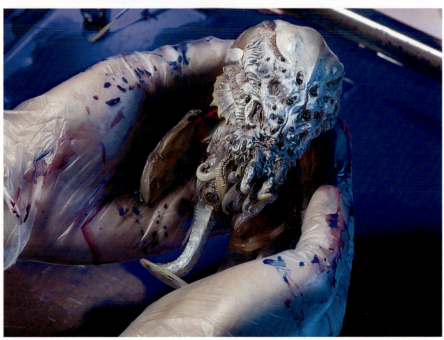

创意思路：
　　"藏谜探物"系列致力于神秘生物的研究与收藏。顾名思义，该系列以标本收藏陈列的方式展开对生命的探索，对传说生物的复原，解剖一段被遗忘的历史，揭开世界另一面。
　　希望通过这个系列与大家共同讨论神秘生命的密码，关于存在的话题。通过实验研究、解剖死亡、标本复原的方式记录未知，通过这个过程对生命与存在这个主题进行探讨。

创意思路：

自然生命美丽，灵动、奇妙。生命当如花，时浓时烈，淡亦淡雅，一切唯心而造。"万物生"系列作品为四个主题，分别是：一叶、一花、一隅、一世，分别命名为《霓裳》《花月夜》《鲸落——万物生》《谧之龟——绝尘境》《御之蟹——桃园行》，意在表现一花一世界，表现自然生命的美轮美奂，凝结在最为灵动婀娜的一瞬间。

《鲸落》

为其中的一世。一鲸落，万物生，鲸落是大海给予鲸鱼的仪式。死去的鲸鱼，沉入海底。它的身体可以支撑大海生物生命系统100年之久，成为深海中最温暖的绿洲。数以万计的生命在其之上繁衍、绽放，生于海、长于海、归于海、隐于海。作品着重于表现鲸落的恢宏与壮烈，与死亡相比，展现蓬勃的生命力更为重要。一花一世界，宏观与微观的反差是作品一直在推敲的重心。

创意思路：

这件作品是"万物生"系列的第二件,《花月夜》为其中的一隅。

"花月夜"一词取自于《春江花月夜》中的："江流宛转绕芳甸,月照花林皆似霰。空里流霜不觉飞,汀上白沙看不见。"

创意思路:
这件作品是"万物生"系列的第一件,《霓裳》为其中的一件。
作品灵感来自《长恨歌》中的"风吹仙袂飘飘举,犹似霓裳羽
衣舞"这句。

金阙西厢叩玉扃,转教小玉报双成。
闻道汉家天子使,九华帐里梦魂惊。
揽衣推枕起徘徊,珠箔银屏迤逦开。
云鬓半偏新睡觉,花冠不整下堂来。
风吹仙袂飘飘举,犹似霓裳羽衣舞。

野鸽工作室

简介：

工作室负责人野鸽是一个自由原型师兼涂装师，多年从事原创类雕塑原型制作，设计制作与涂装都是亲手完成的。喜欢创作中国神话题材作品。代表作品有《金翅大鹏鸟》《金角银角》《浴火重生》《山海异兽》等。

野鸽

GK 创作问答

你私底下是一个什么样的人?
比较开朗,比较固执,有自己的想法与坚持。

在工作室的一天是怎么安排的呢?
一般一杯咖啡开启一天的作品制作,没别的事就全天投入。

可以介绍一下你的工作环境吗?
原型雕塑工作间布置在家里,喷漆工作间布置在外面。

一般在创作过程中是怎么分配时间的呢?
我喜欢专心做一件事,所以雕塑作品时就不涂色,涂色时就不做东西。

商业创作和个人创作对你来说有什么区别?又会如何取得一个平衡呢?
目前来说创作的作品都会多多少少有一点商业顾虑,可能会限制一些想法,多一些谨慎。

在创作中是更享受过程还是更注重结果?
目前的阶段还是比较注重结果。个人感觉刚接触时是享受过程,中期是注重结果,末期回归享受过程。

你觉得是哪个创作者或者哪件作品带你入门 GK 的,或者说是对你影响最深的?
末那早期创作的《西游》和竹谷隆之的《吉光》,零蜘蛛的泥稿等等。

对你来说,所选择创作的方向和风格不可或缺的元素是什么?
我觉得是个人兴趣吧,还是做自己喜欢的事情才能用心去钻研。

你觉得国内的原型师和日本或美国的原型师的作品最大的区别是什么?
国内作品更注重意境,欧美比较写实,日本原型师日系风格居多。

通常你的灵感与创作想法来源于哪里?
生活中的任意时刻,灵光一闪的念头觉得很有意思就会记下来,去深究。有时是一个雕塑构图,有时是一个题材。

中国传统文化在哪方面影响了你的创作?
目前我的作品都是围绕中国传统文化来创作的。中国文化博大精深,可塑性很强,创作想象空间也很大。

能描述一下你最满意的作品和它的创作过程吗?
目前较为满意的是《浴火重生》吧,这个作品最先的念头就是要突出火眼金睛这个主题,后来加入火焰底座,让氛

围感更强。这个作品火焰可以发光,原先尝试眼珠也发光,后来以整体来看,取消了眼珠发光就感觉会喧宾夺主。坚毅的目光、残破的铠甲,最终感觉有达到我心中的想法。

如果创作陷进瓶颈期的话会选择什么样的方式去解决?
出去逛街或踢球。

你平时会收藏其他原型师的GK作品吗?最喜欢的一个作品是什么呢?
会的,目前收藏得还不算多,慢慢会把圈里原型师的作品收集起来。

从每一个作品的设计到售卖的过程中,有没有发生过令你难忘的事情?
藏家收到货后的惊喜与反馈会让我觉得过程的困难都是值得的,都很难忘。

未来长期或者短期有什么计划或者目标吗?
打算参加比赛和继续创作《山海经》作品,《西游记》题材也还会继续创作。

如果有天不再做 GK 了,你会做什么?
不知道,毕竟毕业后就开始做 GK 了。

创意思路：

作品灵感源自《西游记》。银角妖气里带有点仙气，金角怒目圆睁，腾云驾雾。

当初创作这个作品时，想以"反差感"为特点来设计这个角色，推翻了很多设计方案，最终一静一狂、一冷一热诠释了这个作品。整体造型以银角为视觉中心，注重神态与姿态。

作品尺寸：13cm（长）×15cm（宽）×41cm（高）

创意思路:

作品以《西游记》为题材进行制作。"空"的意思是空无、空虚、空寂、空净、非有,这个作品希望让不同的观者有不同的感受。

制作到后期才设计出铜环光圈,使原本我觉得不够饱满的构图得以完善,而且更有装饰感。

这个作品开始时,方向就是以"静"和"悟"塑造悟空得道成佛的状态,也就是一种静思的动态。头部大型确定后,初阶段的大效果检验明确,然后对头部、脸部的毛发进行深入制作。

注意头和胸的关系。确定后在胸肌上雕刻上细密的毛发纹理。

雕塑过程中要随时检查整体。

深入塑造肩部层次,毛发的制作逐步精细化。

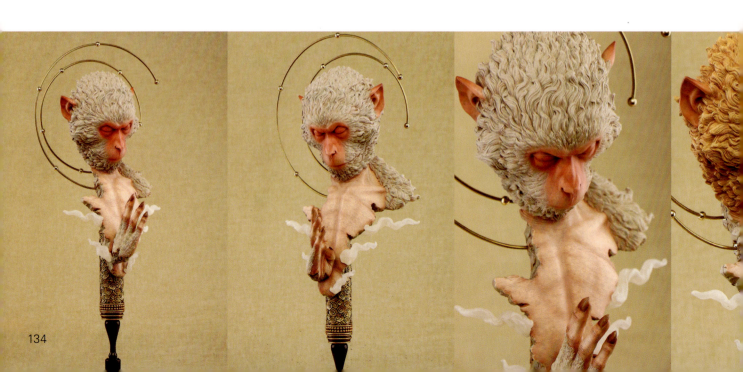

确定手掌的位置与大小，动态骨架搭好
确定后，再深入塑造。

细节进行深入刻画，手背部的短毛和手
掌部分需要在雕刻中产生对比。

云纹雕刻强化了金箍棒的制作。调整层次，进行胸部碎裂感的体现和深入细化，在后续还要柔化表面。

深入刻画细节，在指尖的云雾效果强调了悟空的心境。大效果和浴火铜环效果的确立也强化了作品主题。

作品尺寸：15cm（长）×20cm（宽）×58cm（高）

创意思路：

设计时想更多地表达"收"这个词，这个构图方式挺舒服。作品以孙悟空被封印五指山的故事为题材来设计制作。桀骜不驯的悟空、悠哉的小鸟等，都是我为这个作品灌输的灵魂。

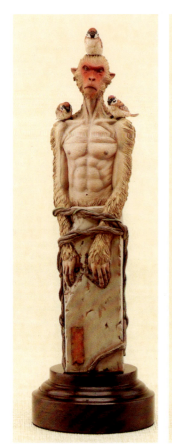

作品尺寸：6cm（长）×6cm（宽）×22cm（高）

创意思路：

设计这个作品时以《西游记》题材，想重新塑造出不一样的齐天大圣，做出心目中炯炯有神的大圣，于是联想到炼丹炉火焰灼烧的这么一个场景。

作品的神态与毛发花了很多时间去塑造，神态是这个作品的灵魂。

作品尺寸：24cm（长）×19cm（宽）×49cm（高）

创意思路：
因为我很喜欢神秘且现实的东西，所以《山海经》很吊我胃口。在思考了很久后，我才开始寻找制作目标，有趣的造型是我选择优先制作的角色，希望慢慢壮大这个阵容。

《文鳐鱼》
《山海经·西山经》："又西百八十里，曰泰器之山。观水出焉，西流注于流沙。是多文鳐鱼，状如鲤鱼，鱼身而鸟翼，苍文而白首，赤喙，常行西海，游于东海，以夜飞。"

《山挥》
《山海经·北山经》："狱法之山，有兽焉，其状如犬而人面，善投，见人则笑，其名山挥，其行如风，见则天下大风。"

材质：PU 树脂

《文鳐鱼》18cm　　《当康》15.5cm　　《山挥》23cm　　《帝江》12cm　　《鸣蛇》22cm　　《狡狳》14cm　　《鹙鹕》19cm

《鸣蛇》
《山海经·中次二经》："又西三百里，曰鲜山，多金玉，无草木。鲜水出焉，而北流注于伊水。其中多鸣蛇，其状如蛇而四翼，其音如磬，见则其邑大旱。"

《鹙鹕》
《山海经·东山经》："又南三百里，曰卢其之山，无草木，多沙石。沙水出焉，南流注于涔水，其中多鹙鹕，其状如鸳鸯而人足，其鸣自，见则其国多土功。"

143

创意思路：

《山海经》是一部上古奇书，展现了中华民族坚强不屈的精神，是研究上古文明的重要史料。书里面描述的各种珍奇异兽非常有意思，于是我决定把里面奇异神兽都实体化。画面是我根据原文叙述，再加以想象去设计，用自己的雕塑风格把它们做成实体化的图鉴大百科，也希望可以坚持下去。

《刑天》

《山海经·海外西经》："刑天与帝至此争神，帝断其首，葬之常羊之山。乃以乳为目，以脐为口，操干戚以舞。"

《赤鱬》

《山海经·南山经》："英水出焉，南流注于即翼之泽。其中多赤鱬，其状如鱼而人面，其音如鸳鸯，食之不疥。"

144

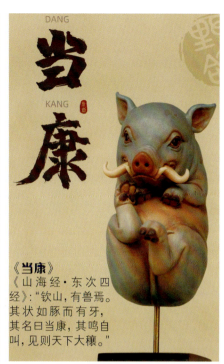

DANG

当

KANG

康

《当康》
《山海经·东次四经》："钦山，有兽焉。其状如豚而有牙，其名曰当康，其鸣自叫，见则天下大穰。"

QIU

犰

YU

狳

《犰狳》
《山海经·东山二经》："余峨之山，有兽焉，其状如菟而鸟喙，鸱目蛇尾，见人则眠，名曰犰狳，其鸣自叫，见则螽蝗为败。"

DI

帝

JIANG

江

《帝江》
《山海经·西山经》："有神焉，其状如黄囊，赤如丹火，六足四翼，混沌无面目，是识歌舞，实为帝江也。"

145

鹰愁涧·白龙 设计稿

创意思路：

以《西游记》为题材，塑造初次登场于鹰愁涧时的情景，以龙元素和人的结合进行设计创作的小白龙，着重刻画身体线条与人物神韵。

小白龙破水而出威风凛凛的形象，纤细的体形、流线感、水龙等都是一些有趣的设计看点。

作品尺寸：14cm（长）×23cm（宽）×38cm（高）　材质：PU树脂

创意思路：

《西游记》中猪八戒在高老庄大婚当天，独自坐在枯树下饮酒，枝头上有前来庆贺的喜鹊，猪八戒看起来若有所思。

主要是这种构图形式我挺喜欢的，想用这种构图形式塑造出系列。整体制作过程还是很顺的，就这样以不一样的感觉和角度去塑造了一个猪八戒形象。

149

创意思路：

这个作品以碧波潭孙悟空大战九头虫的场景来设计。整个作品雕塑以"鳞"这个元素展开，无论是铠甲、裙甲、肩甲、手甲，还是大与小的龙鳞排列、大片龙鳞的宽裤、九头虫的羽毛类的鳞，都是我想通过渐变排列的方式推出视觉中心点的设计。而把猴子设计在九头虫的中心点，也是不想让作品横向拉长，而是想把精彩部分聚焦。这些是我的一些创作思路，也是一个习惯。

作品尺寸：32cm（长）×32cm（宽）×44cm（高） 材质：PU 树脂

袁星亮工作室

简介：
工作室负责人袁星亮 2008 毕业于四川美术学院雕塑系，曾任职于网易游戏，担任角色制作。一直坚持制作原创 GK 雕塑作品，参加国内多个原型比赛并得奖。现为职业原型师。

袁星亮

GK 创作问答

你私底下是一个什么样的人?

我比较宅,是个偏内向的人。

在工作室的一天是怎么安排的呢?

每天的工作不算很固定吧,一般白天会用大部分时间来工作,效率比较高的时候还是在晚上。因为是在家办公,所以还会有辅导和陪伴孩子的时间穿插其中。

可以介绍一下你的工作环境吗?

家里的一间屋加上半个阳台是我的工作室,搬家后比之前大出不少。还有了区域划分——喷漆涂装有个相对独立的空间。家里展柜做得比较多,用来陈列自己的作品和收藏的手办模型。

一般在创作过程中是怎么分配时间的呢?

时间相对自由,状态好的时候会用数天或数周的大部分时间用于创作。一般一个作品的后期创作时间会相对密集一些。有时也会用一段时间玩游戏或遛娃出游作为调节。

商业创作和个人创作对你来说有什么区别?又会如何取得一个平衡呢?

对我来说两者相对统一,我发售的商业作品也是我的个人创作。不过因为考虑受众的接受度,一些相对个人的表达可能在创作之初会做一些取舍。还是想把精力放在自己的原创作品上,合作类的商业创作一般不接,除非是和自身作品属性非常契合的商单。

在创作中是更享受过程还是更注重结果?

应该说在早期阶段是注重过程的。过程中累积经验,享受作品的从无到有和每一次的进步,这种愉悦是不可取代的。现在可能比较看重作品结果,完成度自己是否满意,生产是否可行,显得尤为重要。

你觉得是哪个创作者或者哪件作品带你入门 GK 的,或者说是对你影响最深的?

我当年在读大学时,不像现在可以随处见到精美的实物雕像作品。在一次逛商场时看到了麦克法兰的再生侠 24 代《大飞天》,它那跳起的动态,大面积红披风迸发的张力都冲击着我,我当时驻足橱窗前很久不舍离去,印象特别深刻。后来多次路过那家店,我都会驻足欣赏一番,自己还照着做了一套,也算是第一次制作 GK 吧。

对你来说,所选择创作的方向和风格不可或缺的元素是什么?

好像没有什么元素是完全不可或缺的。现阶段创作基本是国风题材,会有意保留一些国风元素,但也不是必不可少的,会随创作主题的变化而变化。可能不变的是创作中对构图和作品情绪的表现吧。

你觉得国内的原型师和日本或美国的原型师的作品最大的区别是什么?

国内的原型手办起步较晚,近几年才进入大家的视野。在早期我们都是看着日本和美国的优秀作品才激发自我的创作欲望,也是在对他们优秀作品的学习中成长起来的。到了现在国内的原型师已经呈现出很多自己的风格,作品也更加多元化。GK 雕像的称谓可能对非玩家来说还是比较陌生的,也是近几年圈层扩大后,大家对这类作品的一个定义。在之前我们常用雕塑或模型来概括作品。这也是从一个小众圈子逐渐被大众认知的过程。

通常你的灵感与创作想法来源于哪里?

灵感来源通常都不太一样。有时候是自己想做一人、一物或一场景时,去勾勒草图,再去完善它。有时构思会很模糊,在生活中或者观看绘画、游戏、影视等视觉艺术中发现自己感兴趣的点再加以创作。

中国传统文化在哪方面影响了你的创作?

我觉得这是一个巨大宝库。我们有着悠久的历史和深厚的文化底蕴,从中汲取到一点养分滋养创作萌芽,便能开花结果,同时也会和其他人有很多共鸣。这也是我们有别于其他国家原型师的地方。

能描述一下你最满意的作品和它的创作过程吗?

基本上能量产的作品,自己还是较满意的。最满意的可能是在未来的作品中了。《枯荣寺》是近期较满意的作品。一直想通过场景的塑造表达一种韵味,能在作品中感受一丝寂静的禅意,也是第一次采用大面积打印后加泥塑的方式来制作。《枯荣寺》的场景较为复杂,通过 3D 模型搭建大的构图和结构,做好桩位,打印后在上面加美国土泥塑进行细节的刻画,个人还是习惯于泥塑的手感,便于深入制作。这样既避免了泥塑搭骨架的不便,也能直观地用泥塑把握细节。

如果创作陷进瓶颈期的话会选择什么样的方式去解决?

我会停下来做点其他事情,调整自己的节奏,如果死磕的话效率会很低。运动或者玩游戏都是不错的调节方式。

你平时会收藏其他原型师的 GK 作品吗?最喜欢的一个作品是什么呢?

当然会收藏一些,不过也会相对克制,只会入特别心动的作品,毕竟家里展柜寸土寸金,还想多预留位置给自己之后的作品。比较喜欢的是山人周峰的《青木》,作品虽不大,但小动物的毛发刻画却能惟妙惟肖,已然有着自己独特的风格,美丽而且灵动。

从每一个作品的设计到售卖的过程中,有没有发生过令你难忘的事情?

难忘的事还得是《秋鸢广寒宫》发售,简直是一次至暗时刻。由于是第一次多体量的作品预定,自己评估和发售方的准备都不充分。开售那天出现各种状况,以至于很多玩家订不到货。玩家有失望的,有愤恨的,那几天我一直在社交平台和玩家解释其中的原因和误会,有"出师未捷身先死"的感觉……

未来长期或者短期有什么计划或者目标吗?

创作雕像是把想象力具象化表达出来。所有优秀的作品都是作者倾注心力和大量时间结成的果。每次创作都是自我的修炼。有灵感化为实物的欣喜,也有不满与纠结。保持初心,享受孤独,静待花开。当下做好自己的创作,达到一定的作品积累时,希望能有自己的个展。

如果有天不再做 GK 了,你会做什么?

从来没考虑这件事呢,就觉得做雕塑是一辈子的事。

创意思路：

以"桃花女龙"民间传说故事为创作背景。"东海有个桃花岛，桃花岛上有龙洞。龙洞深通东海洋，桃花女龙住洞中。千呼万唤难出来，但见年年桃花红。"在凄美的爱情中，龙女和情郎重逢再聚只能期于此梦中。我想塑造一个梦幻世界，用这座宁静的桃花岛寄托龙女的忧思。通过塑造桃花岛勃勃生机的春天，来搭载龙女对新生和美好的期许。

作品尺寸：32cm（长）×27cm（宽）×37cm（高）

创意思路：

四季系列的故事背景是以中国的民间故事或神话传说为背景来制作的。《秋鸾·广寒宫》是"四季幻城"系列作品的第一款。

画面以人们熟知的"嫦娥奔月"故事为背景，用场景和人物结合的方式呈现出广寒宫和嫦娥的形象。凄冷月光中映着孤寂的宫殿，玉兔和鸾凤相伴在旁，也化解不了她思君的情愫，在月圆之时更显一丝秋凉。创作之初是想以人物肖像为载体配合建筑场景，整体以强烈的形式感呈现独特的国风气质。一人一城，每个作品的幻城都是人物心中或向往或羁绊的一个场景。肖像的残缺和幻城场景结合会是一个完整作品。角色闭眼的思索和国风的细节元素可以给作品带来一种美的意境。

作品尺寸：
36cm（长）×21cm（宽）×43cm（高）

创意思路：

本款作品是"四季幻城"系列作品的第四款，也是此系列的收官之作。画面以贵妃醉酒为故事背景，打造一幅盛唐风貌的场景。贵妃酒入愁肠，半醉半醒间忽闻百花齐放。落英缤纷，孔明灯飞升如星汉灿烂。丝竹之音顿起，花间有飞天形象婀娜起舞，肩披彩带，萦绕亭旁。

云鬓花颜金步摇，
芙蓉帐暖度春宵。

创意思路：

《冬藏·香巴拉》属于"四季幻城"系列。作品以文成公主入藏为故事背景创作。藏于雪山中的香巴拉是藏地传说中的圣地"极乐园"，八瓣莲花化作八座佛塔穿插于宫殿中，城中穿梭的瀑布击碎山底冰层。文成公主入藏途中幸而得见香巴拉真容，铭记于心，才有后来松赞干布为她建造布达拉宫的故事。

春迎暖风秋挂月，

夏绽百花冬藏雪。

作品尺寸：29cm（长）×22cm（宽）×39cm（高）

创意思路：

这是"鱼将行"系列作品之一，讲述了凌云在双峦山遇见一老僧，对谈间老僧提起年少时在寺里敲钟，一苍龙从天而降，砸毁了寺院后坠入深谷的事情。事件最后残留下这一半的钟楼，后来长出一棵白树撑起这残楼。白树生长也是一半枝繁叶茂、一半枯木似墨。老僧便将钟楼更名为"枯荣寺"，每日依旧敲钟诵经，时日一久便会引来山间众多灵兽和老僧一同参禅打坐……画面设计便是从这故事引发而来。

作品尺寸：48cm（长）×40cm（宽）×46cm（高）

创意思路：
《鱼将行》作品初灵感来自我养的一尾
斗鱼，它的长尾在水中摆动时十分迷人，
便想在作品中塑造出来。有了鱼，再加
入人，添置了场景，编写了一些原创故事
背景，便有了现在的《鱼将行》。

作品尺寸：32cm（长）×30cm（宽）×27cm（高）

创意思路:

傀儡师是一名隐居西边赤海城外的老者,真实姓名无人知晓,双足残疾,只能依靠自己打造的机关傀儡来行走。机关设计制作工艺极其精湛,常能打造出奇异精美的装置工具。因善制作机关傀儡,常帮助百姓制作生产器械装置,人们称他为"傀儡师"。作为回报,百姓常帮他收集砥石作为机关兽的能源驱动。

《傀儡师》是"鱼将行"系列第二款作品,我试着设计一款国风机甲,融入古代机关傀儡术的元素,配上纷繁的工具和道具场景,让这一虚构的机甲具有真实性。

创意思路：

《西游记》九九八十一难最后一难，通天河遇鼋湿经书。老鼋因唐僧忘了它的拜托之事，在驮行师徒渡通天河途中突然将师徒四人掀翻进河里，经书都浸水了，晒经时造成破损。

作品参考了原著中师徒的五行属性对应设计。八戒设定为比较软弱胆怯的个性，所以胸腹装备暴虐形象的猪头，内心越胆怯表面越是极力隐藏。整体铠甲也是以他木的属性来设计，由于对月宫嫦娥的念念不忘，把自己背甲制作成的嫦娥形象，留在身后默默想念。悟空是大家最爱的角色，能力超群也无比自信，盔甲设计多以不同形象的猴脸呈现，裙甲上有加入他最爱的蟠桃纹样。这次比较满意的是悟空的头型，加入小辫和耳钉等朋克元素，紧箍咒演变为发箍约束着他，紧箍的两端发型也表明被约束前的张狂和约束后的平静。当然标志性的虎皮裙也不能少。筋斗云化为手镯佩戴在左腕处。唐僧对经书的执着使他无视自身安危奋力救经书，小白龙现出原形为了帮师傅一把。跑龙套的沙师弟早已坠河，唯有谜之小腿还残留在波涛中……

作品尺寸：23cm（长）×28cm（宽）×51cm（高）

创意思路:
作品是以熟知的书画题材梅兰竹菊为背景创作的四位"花灵",是对国风题材的另一种演绎,其角色分别对应着冬春夏秋四季展开。

作品尺寸:14cm(长)×14cm(宽)×33cm(高)

梅：剪雪裁冰
　　一身傲骨
兰：空谷幽香
　　与世无争
竹：筛风弄月
　　潇洒一生
菊：凌霜自行
　　不趋炎势

创意思路：

《烟花易冷》是由方文山作词、周杰伦作曲并演唱的一首歌，收录在周杰伦2010年发行的专辑《跨时代》中。这款作品是和方文山老师合作的同名雕像。这首歌婉转的旋律和优美的歌词都十分动人,歌词以《洛阳伽蓝记》为故事背景,描绘一段凄美的爱情故事,很符合我的作品对叙事性的呈现。

故事背景设定为宋文帝时期,"她"与"他"一见钟情私订终身。但战火已至,身为将领的"他"奉命出征,两人惜别。后城破兵败,"他"流落于伽蓝寺中。"她"日日思念,在城门石板旁苦等"他"的消息。多年后战事结束,物是人非,"他"回到故土,但"她"没能等到这一天。雨纷纷落下,声音回荡在空空石板上……

雕像作品主体为"她"的胸像呈现,伽蓝寺在"她"在思绪里羁绊,无尽的惦念、苦等,只为在战火中与出家为僧的"他"早日重聚。"伽蓝寺听雨声盼永恒"。寺中飘零红叶更染秋凉,瀑布夹泪为雨纷纷落下,浸染着斑驳倾塌的城门,浇灌这丛生的草木枯根。石阶被雨磨平了棱角,石板上回荡的是"她"年复一年的等待和期盼。居中的"她"憧憬待到酒醅酿香醇,"他"归来时,在残灯前为君弹奏一曲古筝。重逢这一刻将是积攒多年的苦化作的甜,如烟花般炽热和绚烂。但"烟花易冷,人事易分",发尾的烟花美丽却短促,燃尽自身换来这刹那的绚丽绽放。

AGrass；一草介

一草介 AGrass 工作室

简介：

工作室负责人一草介是古风造型作家，活跃于 GK 雕塑领域多年，专注于古本、古画、浮世绘等作品的造型研究与创作。

工作室将古代艺术作品中的美学质感，通过这个时代经过发展的技术、工艺审美去进行一次延伸性再创造。理解关于传与承的意义，就好像时间长河里每一粒沙的流向，都承载着那些前人所创造的、呈现的事物的美好。作为时代当下的一粒沙，将这些美好连接起来，终有一天交给更年轻的未来。这可能就是自己认可的存在的意义。

代表作包括《鸟兽戏画》、《猫》、《蜗牛戏画百景》、"温度"系列等。

一草介

GK 创作问答

你私底下是一个什么样的人?

除了自己兴趣范围以内的事情,其他情况下还是比较社恐的人。比较热爱生活,除了日常创作以外,电影、音乐、电子游戏也是生活里必不可少的。

在工作室的一天是怎么安排的呢?

没有太严格的时间表,但也不会很懒散,可以说每一天都很充实吧。

可以介绍一下你的工作环境吗?

我的工作室就是在家中,平时工作区域主要在楼上。有很多雕塑工具、翻模设备、3D 打印设备、涂装工作台,当然排风和净化设备也是必不可少的。除了这些以外就是很多我研究方向领域的书籍,资料图册居多,也有一些小说和摄影集,摄影也算是业余爱好之一吧。

一般在创作过程中是怎么分配时间的呢?

在创作一个作品前,我会花很多时间去考证作品相关的资料。例如一些古代艺术作品的创作背景、来源、出处,尽可能地挖掘它们背后鲜为人知的故事。这个过程会在我选择一个题材进行创作的同时一直进行着,并随时对作品做出调整。

商业创作和个人创作对你来说有什么区别?又会如何取得一个平衡呢?

我是一个个人创作者,创作的初衷是满足自我,追求自己的表达。但想持续这样的创作生涯,保证收入是前提。所以我的作品必须是自己十分想做,这样即使没什么销量也无所谓;而且我也很喜欢有一定认可度的题材。当然,自己不喜欢的题材是绝对不做的。强迫自己去做不喜欢、不擅长的东西,那对我来说并不是一个好的选择。

在创作中是更享受过程还是更注重结果?

以我目前的阶段,结果也只不过是一个小阶段的逗号,其实还是过程的一部分。我对创作过程的理解,它是一个很漫长的事情,可能会继续创作几十年,体力和能力上允许的话。再回头去看走过的每一个阶段,对自己的创作旅程做一个总结,那个时候才算是一个结果吧。

你觉得是哪个创作者或者哪件作品带你入门 GK 的,或者说是对你影响最深的?

影响最深的是竹谷隆之,他的"杰拉姆"系列、"天野喜孝"系列、《渔师的角度》、《风之谷》、《鬼神传承》,还有很多惊人的作品,他的造型能力、在相同题材上独到的设计很出众。真的很希望自己有一天也能达到这样的水平。

对你来说,所选择创作的方向和风格不可或缺的元素是什么?

我个人是非常偏爱和这个时代有一定距离感的,经过了漫长岁月保存至今,有时代烙印和岁月痕迹的事物。所以我的作品以古风居多,很少会跟随现在流行的元素。

你觉得国内的原型师和日本或美国的原型师的作品最大的区别是什么?

日本和美国这个领域做得比较早,加上其周边文化发展也很早,相辅相成,所以现在已经是十分成熟的行业。国内的话这个圈子近些年各种大型展会的举办,才开始迎来一个比较好的发展机会吧,做原创题材、正规收费IP的版权衍生作品近些年也越来越多。所以最大的区别就是国内的原型师身处一个更有发展空间的环境里吧。

通常你的灵感与创作想法来源于哪里?

中国古代绘画、浮世绘,各种书籍、动画、电影、游戏都会带来灵感。会有一种惯性思考,很多事物都会引发这种思维,让我联想到一些创作方向的可能性。

中国传统文化在哪方面影响了你的创作?

小时候对很多神怪类的题材十分感兴趣,像《西游记》《封神演义》《济公传》《白蛇传》《八仙过海》,还有动画《葫芦兄弟》《天书奇谭》等都对我影响很深。

能描述一下你最满意的作品和它的创作过程吗?

我最满意也是投入时间精力最多的作品,是一款浮世绘立体化作品,原作是浮世绘大师歌川国芳的一幅画作。这幅作品的特别之处是它采用了一种叫作影子绘的元素。画作中是三组或嬉戏或静止的猫,对应另外一幅中三组猫剪影轮廓的画作,呈现出民间演出中般若面具、狮子头面具、猫头鹰木雕傀儡这样的民俗道具。选择这个作品进行立体化,是一个蛮有难度和挑战的事情。起初并没有想得太复杂,但开始制作后就发现,在平面的画中,为了实现剪影的效果,是可以用一些错误的透视去实现的。而做成立体的事物,是无法用这样的操作的,否则观感上会十分别扭。所以我需要不断地调整造型去还原画中的剪影方式,比如用小猫卷起的尾巴去代替同一位置透视错误的后腿,以表现出剪影中般若的牙齿。或者将狮子头这组剪影,从原画中的侧躺依偎姿态的母子猫,变成了同样姿态轮廓的坐姿和被抱着的小猫。这套作品前后大幅度修改了三次,间断创作了一年半才完成。虽然它是一款相对小众的作品,但是我很高兴,能拥有很多听我讲解了这个影绘概念而喜欢上这套作品的朋友。也是因为这款作品,必须和观看者交流讲解,所以我现在不那么社恐了。

如果创作陷入瓶颈期的话会选择什么样的方式去解决?

暂时还没遇到这样的情况,如果真的遇上,可能会去尝试一下自己很想尝试但是一直没碰的题材吧。

你平时会收藏其他原型师的GK作品吗?最喜欢的一个作品是什么呢?

有收藏一些,也会互相交换一些作品。记得当年入手的第一款国内原型师作品是冰山的《齐天大圣》。

从每一个作品的设计到售卖的过程中,有没有发生过令你难忘的事情?

最难忘的应该是在展会上,藏家对我作品的喜欢和支持吧,当你的作品第一次被人肯定,那确实是很难忘的事情。

未来长期或者短期有什么计划或者目标吗?

有几个和现在的创作不太一样的系列计划,虽然也是古风的方向,但是应该会呈现很不一样的样貌。

如果有天不再做GK了,你会做什么?

条件允许的话会一直做吧,可能稍微降低一下出作品的频率,去做一些和摄影、音乐相关的事情。也一直想创作些油画作品,做一些平面的表达。

古代神话中代表统治高天原的天照大神（太阳女神）的凡间化身——狼，遇到了民间故事中的一寸法师并开始了斩妖除魔的旅程。
作品根据想象故事创作而成。

天照大神 & 一寸法师　设计稿

尺寸：高 40cm（含地台）

创意思路：

取材自浮世绘大师歌川国芳于1842年绘制的作品，原作为《猫》与《影子》两幅。这套浮世绘作品的有趣之处就是利用影子的轮廓，让人们把本来的东西联想成别的事物。这也是歌川国芳创作中非常拿手的题材。当时这组作品比较吸引我的点就是它将三组形态各异的猫，通过剪影的形式，表现出另外三种物体，因此我对它们进行了立体化再创作。

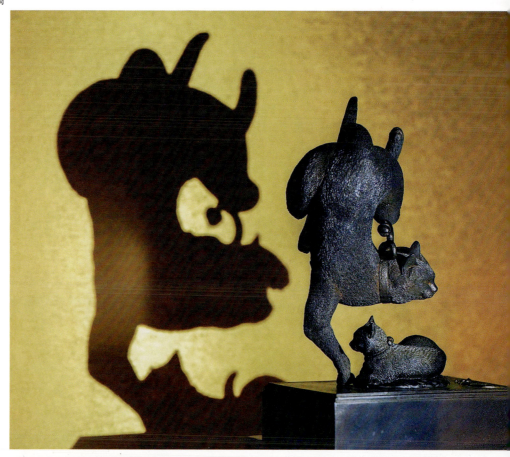

作品尺寸：
左（般若面）高 19cm
中（猫头鹰）高 27cm
右（狮子头）高 15cm

创意思路：

就想设计一款剪影概念的小作品，沿着猫的思路开始，可能是对蜗牛相对偏爱一些，之后就想有没有可能做出蜗牛剪影。最后设计了一款毛线猫首饰盒，毛线团恰好是这个作品里做蜗牛壳剪影最好的素材。而考虑到这个作品所要呈现的古风特质，我将毛线团的部分设计成更符合铁器制物的略粗犷风格。

之后的 WF 上海展，这些毛线猫在现场贩售，结果全部售罄。大家对这款小作品的喜爱让我产生了将它做成系列的动力，之后我便将它衍生出一组形态各异的"蜗牛"，命名为"蜗牛戏画百景"，其中"戏画"是浮世绘题材中的一类，通常以滑稽、有趣的事物为题材，常见将动物拟人化的手法。所以这组作品的名字也可以理解为"有趣的蜗牛百态"。

尺寸：
不含地台高 3—4cm，
地台高约 2cm

创意思路：

取材自浮世绘大师河锅晓斋绘制的《鸟兽戏画猫狸草图》。

这是一幅未完成的草图作品，它描绘了跳舞的动物，用像妖怪一样拟人的方式。由猫妖（极老的家猫所变化而成）、黄鼬、狸猫、鼹鼠以及举着镜子和蜡烛照明的老鼠组成了一幅欢快、热闹的构图。

作品尺寸：
高 25—29.5cm

创意思路：

这是在去青岛仁王工作室期间，偶然来了灵感，尝试合作的一款联名小作品。作为"戏画百景"系列的第二弹作品，依然采用了猫和剪影创意元素。题材是传统的狮子滚绣球，狮子本体为我制作的火焰状毛发的神兽版小猫，绣球的本体是仁王制作的双马尾妖怪头。

186

尺寸：高约 9.5cm（含底座高度）

貔墩墩火烧铁

貔墩墩金沙国

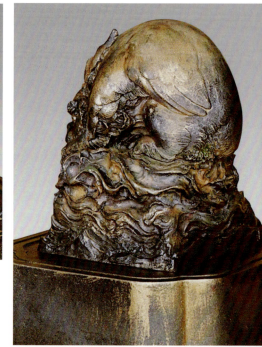

貔墩墩陶土版

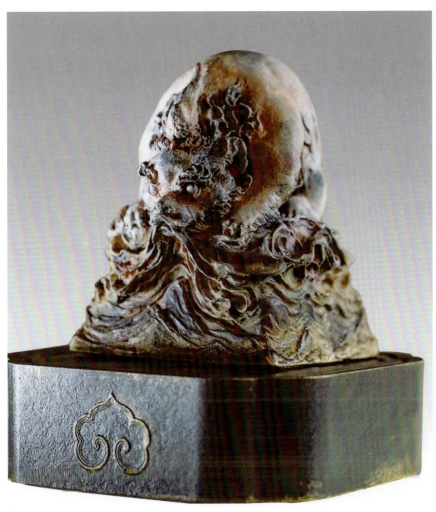

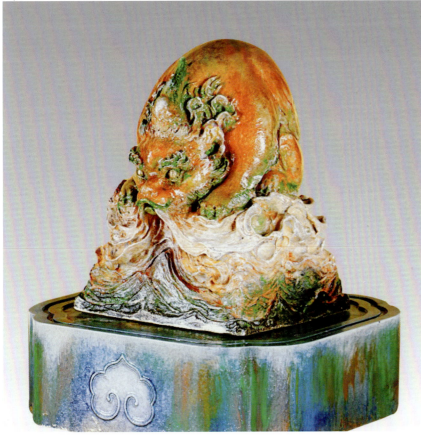

貔墩墩唐三彩

貔墩墩陶土版

猴吉工作室

简介：
工作室负责人猴吉是自由艺术家，致力于
新传统雕像研学。

猴吉

GK 创作问答

你私底下是一个什么样的人？
我是一个成熟的孩子。

在工作室的一天是怎么安排的呢？
我会先浏览一下灵感素材库，再画些脑海中的草图，接下来开始"撸泥"。

可以介绍一下你的工作环境吗？
现在基本上是在自己家里。

一般在创作过程中是怎么分配时间的呢？
确立好草图后，用最快的时间确定大型，接着调整好形态，我会把主要时间放在对细节的处理上。

商业创作和个人创作对你来说有什么区别？又会如何取得一个平衡呢？
我这个人在艺术上有些太自我了，哈哈，没想过商业的事儿。

在创作中是更享受过程还是更注重结果？
一定是过程了，结果算是彩蛋了。

你觉得是哪个创作者或者哪件作品带你入门 GK 的，或者说是对你影响最深的？

我玩泥巴的时候，还真不知道 GK 是怎么回事，要是说开始接触 GK 后，对我影响很深的应该就是零蜘蛛了，很喜欢他做作品的感觉。

对你来说，所选择创作的方向和风格不可或缺的元素是什么？
是执着，一定是跟着自己的心去走。

你觉得国内的原型师和日本或美国的原型师的作品最大的区别是什么？
国内的原型师少部分已发掘出了自己的心，但多数还在学习与模仿。

通常你的灵感与创作想法来源于哪里？
我比较喜欢东方的传统文学和艺术，这也是我作品的营养之源。

中国传统文化在哪方面影响了你的创作？
中国的传统文化是给予我灵魂的东西，不可或缺。

能描述一下你最满意的作品和它的创作过程吗？
目前比较满意的作品应该是"五灵传"系列了，这是一个耗时三年的作品，可以说

投入了我做 GK 以来最大的热情。

如果创作陷进瓶颈期的话会选择什么样的方式去解决？
我会去画画，先放下雕像，从绘画中寻找一些灵感再回来。

你平时会收藏其他原型师的 GK 作品吗？最喜欢的一个作品是哪个呢？
偶尔也会收藏，比如冯阳坤的《八叶》《TT 的猫》。

从每一个作品的设计到售卖的过程中，有没有发生过令你难忘的事情？
最令我难忘的就是，自己比较满意的作品推出，结果无人问津，哈哈。

未来长期或者短期有什么计划或者目标吗？
稳定好自己的创作激情，把更好的心带入自己的作品，争取让更多的人可以了解我的艺术。

如果有天不再做 GK 了，你会做什么？
画画，一直画画。

创意思路：

白虎号为"监兵神君"，主杀伐，是威武与军权的象征，具辟邪、禳灾、祈丰及惩恶扬善、发财致富、喜结良缘等多种神力（这些也是中国传说及风水所推及的膜拜重点），象征着威武和军队。设计时需关注这些象征意味并进行夸张。

作品尺寸：23cm（长）×8cm（宽）×20cm（高）（含底座）

创意思路：

此造型源于日本民间传说"鬼若丸治锦鲤"，这是发生在平安时代末期的故事。主角是武将弁庆，是历史上最能代表武士道精神的人物，其幼名叫作鬼若丸。相传，在鬼若丸生活的渔村大湖中，有一条身长八尺的锦鲤王，经常攻击渔民和村里的幼童。有胆大之人结伴去尝试捕获锦鲤王，但都失败了。鬼若丸得知此事，带了一把短刀，独身一人下湖与锦鲤王搏斗，最终制服了锦鲤王并获得了锦鲤王的力量和幸运。

作品中鬼若丸化身赤色武士猫，口含短刀，飞跃鱼背，在白莲之和锦鲤王展开大战。作品希望将这个传说再一次带进现实，还原并升华这一传说的精彩瞬间。

作品尺寸：
20cm（长）×17cm（宽）×28cm（高）

创意思路：

作品故事是这样的：猫族族长神秘失踪，猫族陷入无尽的混乱和恐惧之中。众多的势力与帮派趁势而起，相互斗杀，争夺猫族之首的王座。而在这些势力与帮派的漫长争斗中，一股令猫族全众都为之恐惧与折服的势力——恶势出现了。恶势之中以五恶猫为核心，它们或单搏或群杀，所到之处无猫不惧，无猫不服。猫族一一俯首称臣。橘丸、黑山、鬼棍、白器、瞳这恶势猫成员逐步称霸猫族上下。虽然猫族全众都很恐惧恶势，但因恶势的强大，反而使得混乱许久的猫族迎来了久违的"安定"。恶势自身，却即将面临一场更大的挑战……这会是从未出现的恶势统治者所带来的灾难吗？无人所知，连五恶猫也在为之寻找着答案。

设计中的恶势猫，每一只是一个品种的猫，各自有着不同的性格、体形、特点与故事背景。

196

尺寸：
8cm（长）×5cm（宽）×12cm（高）

创意思路：
这是"五灵传——上古五灵"系列之一的《青龙》。青龙它是孟章神君演化的灵兽，上古四大神兽(青龙、白虎、朱雀、玄武)之一，象征生机和仁德。造型由此而衍生。

作品尺寸：
12cm（长）×10cm（宽）×25cm（高）
（含底座）

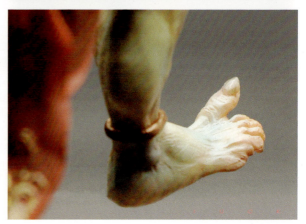

御龙工作室

简介：
工作室负责人罗鹏是角色原画师，2010 年开始进行个人原创原型创作，专注于中国风题材，创作有"御龙甲"系列"御龙眠"系列和《御龙戏珠》等。

罗鹏

GK 创作问答

你私底下是一个什么样的人?

我比较宅。但如果自己在家会觉得吃饭都是比较麻烦的事情。我也是健谈的话题终结者。

在工作室的一天是怎么安排的呢?

基本都是用零碎时间工作,同时会有多件事情在做,会在夜里10点到1点这段时间创作。

可以介绍一下你的工作环境吗?

这是一个被塞满的四平方米房间。

一般在创作过程中是怎么分配时间的呢?

创意想法阶段会酝酿比较久,有些想法可能是在心里持续了几年。想好了会出一个比较潦草的图,然后边做边想细节。由于是实体材料制作,修改起来会比较麻烦。过程中会拍照然后勾画一下再继续。

商业创作和个人创作对你来说有什么区别?又会如何取得一个平衡呢?

目前只有自己创作,没有从事过商业创作。

在创作中是更享受过程还是更注重结果?

这是个持续制作与创作的过程,做完一部分和做完整件作品的感觉差不多。当然如果完成了整个作品还是挺开心的,这样就可以做其他的作品了。

你觉得是哪个创作者或者哪件作品带你入门GK的,或者说是对你影响最深的?

入门的话是早期的末那作品,某天同事给我看的,然后我就买泥开始做了。

对你来说,所选择创作的方向和风格不可或缺的元素是什么?

兴趣。想做的东西很多,但时间很有限。

你觉得国内的原型师和日本或美国的原型师的作品最大的区别是什么?

非商业的原创就是会个人色彩多一些,国内的原创原型师并不多,基本都可以透过作品看到人。

通常你的灵感与创作想法来源于哪里?

一时的灵光乍现加上常年的积累。

中国传统文化在哪方面影响了你的创作?

因为学过几年国画,有些线条上的感觉应该源自那里。希望现在可以再找时间继续画些国画。

能描述一下你最满意的作品和它的创作过程吗?

最满意的作品是《御龙眠》吧,绝大多数朋友都是通过这个认识我的,断断续续做了两年时间。十几年来,一有时间就坐下来做一点,已经成为习惯。做所有的作品都差不多。

如果创作陷进瓶颈期的话会选择什么样的方式去解决?

除了想做的太多,时间太少,没什么瓶颈。

你平时会收藏其他原型师的GK作品吗?最喜欢的一个作品是什么呢?

很少,几乎没有。国内的圈子很小,有时候会交换。

从每一个作品的设计到售卖的过程中,有没有发生过令你难忘的事情?

我主要是做白模,比较期待自己的原型能在其他玩家手中涂出一个不错效果。这个过程比较有趣,就像播种。然后会从涂装师手中开花。还有就是看到每个收货地址的时候心里都会有一丝感动,我好像看见了收藏者。

未来长期或者短期有什么计划或者目标吗?

《御龙眠》后续两个作品将很快完成,其间也会穿插一些别的,看缘分。

如果有天不再做GK了,你会做什么?

应该会一直做吧。

创意思路：

御龙甲是以龙元素作为盔甲的东方女性角色。作品以龙的野性与女性柔美的反差表现出一种张力。这是御龙工作室打造的第一个系列，一共做有三款 GK 白模作品。

作品尺寸：33cm（长）×18cm（宽）×45cm（高）（含底座）

创意思路:

"御龙五行"系列意在将中国古代哲学经典阴阳五行理论融于作品。五行学说是中国古人认识世界的基本方式,充盈着简洁、朴素的美,又蕴藏着无限的神秘:龙为阳,龙女为阴。构图以古代台屏浮雕的方式呈现。作品虚实相间,阴阳互补。这是古人对自然的体察,也是古人的生存智慧。

"御龙五行"系列作品:《御龙舞》(火)、《御龙战》(金)、《御龙醉》(木)、《御龙吟》(土)、《御龙眠》(水)。

YULONG

作品尺寸: 43cm(长)×45cm(宽)×14cm(高)(含底座)

水润泽生木，众胜寡故克火，其色为黑。

火炽木生土，精胜坚故克金，其色为亦。

金凝结生水，刚胜柔故克木，其色为白。

木干暖生火，专胜散故克土，其色为苍。

土藏矿生金，实胜虚故克水，其色为黄。

御龙戏珠 设计稿

白模原型能在不同的涂装师手中涂出不同的效果。

周峰山人工作室

简介：

工作室负责人周峰山人是幻想雕塑创作者、概念设计师。毕业于中国美术学院油画系第一工作室。

周峰山人

GK 创作问答

你私底下是一个什么样的人？
我很宅，爱玩游戏。

在工作室的一天是怎么安排的呢？
起床—遛狗—做东西—画点画—遛狗—玩会游戏—睡觉。

可以介绍一下你的工作环境吗？
把家里的客厅变成了工作室，因为我比较喜欢穿着睡衣干活儿。

一般在创作过程中是怎么分配时间的呢？
一般不会提前规划，做到哪里是哪里，整体的过程是慢悠悠的。

商业创作和个人创作对你来说有什么区别？又会如何取得一个平衡呢？
在时间上取得平衡吧，尽量做到两者兼顾。对我来说商业合作压力会大很多，毕竟有时间要求在，个人创作就自由多了。

在创作中是更享受过程还是更注重结果？
既享受过程也注重结果。

你觉得是哪个创作者或者哪件作品带你入门 GK 的，或者说是对你影响最深的？
坦白说，是我自己入门的。大学时我是油画系的，但一直想做雕塑，初期了解油泥、美国土等材料后，就自己开始创作雕塑了，发布到网上后，朋友们说这类作品叫作 GK。在此之前没听说过 GK。

对你来说，所选择创作的方向和风格不可或缺的元素是什么？
我觉得我没有选择过方向或风格。每个人都是独一无二的，所创作的作品都会有强烈的个人风格。我个人的话，就是以雕塑为媒介来表达自己。

你觉得国内的原型师和日本或美国的原型师的作品最大的区别是什么？
我真的想了挺久，还是不太清楚区别。

通常你的灵感与创作想法来源于哪里？
通常来源于自然界的生物吧。

中国传统文化在哪方面影响了你的创作？
有很深的潜移默化的影响，在创作时不论是构图还是造型线条都有很重的东方韵味，这是在骨子里的、自然流露的。这一点，我觉得在我的早期的几个作品《相可为龙》《鱼有灵相》《麟》中体现得尤为明显。

能描述一下你最满意的作品和它的创作过程吗？
比较满意的有两款作品：《水母》和《相可为龙》。《水母》这款作品创作了有一年的时间，还专门用视频记录了下来，从最初的设计到最终的呈现都经过了反复的解构，意在通过"水母"这个意象，来表达我们每个生命在这个世界中的状态。《相可为龙》是我目前最满意的一款龙形作品，从盘卷的构图到若隐若现的龙鳞，都是我最满意的状态。

如果创作陷进瓶颈期的话会选择什么样的方式去解决？
我的话就是放慢节奏，休息一下。

如果有天不再做 GK 了，你会做什么？
我会一直做雕塑创作的，但同时应该会画漫画。漫画这个事，我计划很久了，再过些年，我打磨好故事大纲，就会同步开始漫画创作了。

青木

羽獣

创意思路：

该作品是款小型的场景作品，画面中置入了动和静对比的元素，希望在不失趣味性的同时能展现出画面内容的生命力。

创意思路：
神灵在自然中触手可及，只
是我们早就远离了那里。

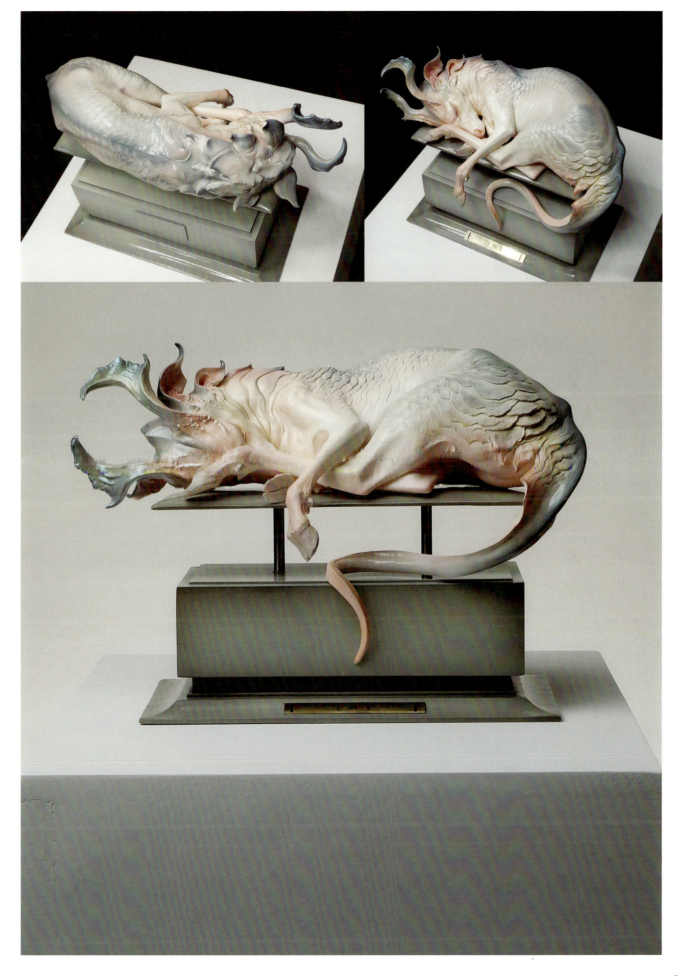

创意思路:

六只翅膀同时展开,这是六翼的开屏,底色鲜艳。

我一直喜欢长有翅膀的灵兽,也很享受用雕塑泥一点点塑造羽毛细节的过程,这次的作品《六翼》满足了我一直以来的想法:做一只拥有六只翅膀的英俊灵兽。

这是一如既往的"化作自然"系列作品,将自然化作灵幻。

创意思路：

　　"山之阿"取自屈原《九歌·山鬼》中"若有人兮山之阿"。我相信在屈原口中的那个山隈，神灵众现。飞狸、角麈、净雀、青枭、蝶鼠、幼麟这是我给它们起的名字。它们不属于你所熟知的任何神话范畴，不属于《山海经》，也不属于《搜神记》，单单属于我的创作。而我一直希望的是我的灵兽作品似能体现出东方内在的韵味，还能使人在其中看到一种含蓄的生命力。

用美国土仔细塑造细部。

完成白模的造型。

创意思路:
双鱼化作虚无与空灵,表现与自身
灵魂相遇的情景。

化作日添英灵更紅 西峰

创意思路:

这个世界上的每一份生命,每时每刻都在前进,随着浪潮或浮或沉。有时,睁眼便能看到蔚蓝的天空一望无际;有时,也随寒流沉入海底,时间会裹挟着你我,体验温暖,体验寒冷,体验希望,体验无奈,体验一路向前,直至消亡。有些终究会逝去,有些迟早会到来。在这个时间海洋里,你我都无法真正主宰自己前进的方向,将如水母一般,随着浪潮,被动地向前,即使海浪沉浮,依旧美丽。我用水母来表现躲进世俗浪潮的你我。在这世俗的浪潮之中,愿我们都活成最真实的自己。

创意思路:

我相信自然中每个生命都有自己的韵律,或缓或疾,也可化为万相。而我只是用我的方式去理解自然与神灵、自然与未知。这是"化作自然"系列作品之一。

開天工作室

简介：
工作室创始人为于广来（King.Y），
负责开天工作室的企业运营。2015
年开天工作室成立于中国上海，本
着为中国人塑像的使命，致力于通
过原创设计与技艺，传播民族文化，
打造全球一流的中国雕像品牌。于
广来有着 10 余年互联网游戏从业
经验，更是 20 年资深模玩专家。
开天希望出品能够让全球玩家都感
受来源于"中国质感"的震撼之作，
为中国英雄塑像，让世界看到属于
中国创造的力量。

于广来（King.Y）

GK 创作问答

可以介绍一下你的工作环境吗?

我自己的工位和大家在一起,会放一些我喜欢的玩具。因为玩的东西比较杂,所以孩之宝、潮玩、手办、机甲都会有,就是没有放雕像 GK 类,因为平时工作中接触的都是这些……

一般在创作过程中是怎么分配时间的呢?

我在工作室主要和同事一起做企划,所以大多数时间是花在企划上,如市场调研、用户需求分析、头脑风暴等。

商业创作和个人创作对你来说有什么区别?又会如何取得一个平衡呢?

个人创作只考虑自己就行,肯定是最舒服的。商业创作需要转化视角,从用户玩家的需求出发,为玩家创造价值。二者完全不一样,我觉得很难取得平衡。还是用商业创作的收益来支撑个人创作比较好。

在创作中是更享受过程还是更注重结果?

我觉得是结果。

你觉得是哪个创作者或者哪件作品带你入门 GK 的,或者说是对你影响最深的?

我其实不太玩 GK,雕像是从 SS 开始入门玩,SS 早期的作品都很喜欢。

对你来说,所选择创作的方向和风格不可或缺的元素是什么?

IP 类作品需要版权方监修,所以发挥很有限。原创作品不可或缺的元素是中国题材。

通常你的灵感与创作想法来源于哪里?

基本上都是来源于小时候买不起玩具的遗憾吧。

中国传统文化在哪方面影响了你的创作?

应该说是全方位的,开天就是为了做中国题材的雕像创立的。

能描述一下你最满意的作品和它的创作过程吗?

没有最满意的作品,永远期待下一款。

如果创作陷进瓶颈期的话会选择什么样的方式去解决?

我的方式就是和团队一起讨论,没有解决不了的问题。

你平时会收藏其他原型师的 GK 作品吗?最喜欢的一个作品是哪个呢?

GK 不玩,雕像品牌比较喜欢 ECC 早期作品。

未来长期或者短期有什么计划或者目标吗?

把为中国人塑像的使命坚持到底。

如果有天不再做 GK 了,你会做什么?

应该不会有这一天。

创意思路：

中国有"两圣"，他们是文圣孔子和武圣关羽。提起关羽，人们对他的印象是：忠义冠绝天下，民间传说中的武财神。人们相信关羽不仅能驱邪避恶，更能庇护商贾招财进宝。

市面上关羽造型已经有很多了，因此开天打算做一个不一样的武圣关羽。

开天的关羽有两种姿态：提刀姿态与挥刀姿态。提刀姿态更偏向静态。

考虑五虎作品的风格，比如张飞横刀勒马、马超驻马观战、赵云提枪跨立等都偏向于静态，为了保持风格的统一性我们便也为关羽设计了一个较为静态的姿势。但同时，出于私心我们不甘于他只静静地停在那里，便为其添加了挥刀姿态。

武圣出刀
地动山摇

其实细看青龙偃月刀能发现非常多的细节：它的前端被金色龙头覆盖，龙纹一路延伸至刀刃，龙纹周围也有许多刀痕砍刮的痕迹。这种战损感更体现了这位武圣身经百战、武艺超凡。

参考了经典影视剧中深入人心的关羽形象，为他量身定制了一身服饰。为了不让红与绿的组合看起来太过突兀，经过多次精心调色才最终确定了如今这种暗红与青绿。黑色与金色相交的盔甲与青龙偃月刀交相辉映，霸气非常。

一位武将除了武器，最重要的就是战马。三国时期有名的战马宝驹非常多：曹操的绝影、刘备的的卢，还有爪黄飞电、惊帆、里飞沙、照夜玉狮子等。当然，最著名的还是"马中佼佼者，赤兔胭脂兽"的赤兔！赤兔曾是吕布的坐骑，后被关羽所得，在此后的20余年中一直与关羽征战四方。对于它的设计，我们自然费了很多心思，它神态逼真，眼如铜铃，肌肉遒劲，毛发俊逸，上下牙齿之间还有极细的口水丝，十分真实。

作品尺寸：94cm（长）× 45cm（宽）×94cm（高）

挥刀武圣

创意思路：

"一吕二赵三典韦，四关五马六张飞，黄许孙太两夏侯，二张徐庞甘周魏，神枪张锈与文颜，虽勇无奈命太悲。三国二十四名将，打末邓艾与姜维。"这句流传甚广的民间顺口溜，大致可以代表古今读者对三国武将排名的看法。作为玩家期待程度最高的角色，温侯吕奉先登场造型需要极尽动势。剑眉虎目威风凛凛，鬓发竖立的细节让吕布睥睨战场的气势呼之欲出，表现出神将策马冲杀的冲击力。在原型创作上，保留了大众对吕布形象的关键记忆点，并最大化吕布"勇武无双"的神将气势。经过多次修改打磨，最终将这样一个仿佛天纵神将般策马挺戟向前冲杀的吕布呈现在大家面前。

龙驹跳踏起天风，
画戟荧煌射秋水。
纵马挺戟，
人中吕布。

吕布的坐骑体形高大，肌肉纹理清晰可见，马具马饰采用大面积真实皮甲与毛发，威风凛凛，不愧赤兔"神驹"之名。

地台部分由碎石、沙砾构成的战地场景表现真实，衬托出吕布策马飞跃、纵横战场的气势与临场感。

吕布的方天画戟真实，用金属质感涂装，戟刃有如秋霜，寒光凌厉。
武器头部可部分拆卸，单戟或双戟可自由切换，经典设定或者尊重史实自由选择。

戴三叉束发紫金冠，
体挂西川红锦百花袍，
身披兽面吞头连环铠，
腰系勒甲玲珑狮蛮带。
头戴银冠，二龙斗宝，
顶门嵌珍珠，光华四射
雉鸡尾，脑后飘洒。

作品尺寸：
持戟 94cm（长）×87cm（宽）×75cm（高）
持弓箭 94cm（长）×54cm（宽）×75cm（高）

战铠
大气威武的西凉风格
铠甲设计，锦袍纹样
装饰细致涂装，承袭
"三国"系列一贯品质。
身后翻飞的红色披风
内有钢丝固定，可随
意造型。

创意思路：

黄忠,字汉升,三国时期蜀汉五虎将之一、三国第一神箭手,勇毅冠绝三军。黄忠曾于定军山将夏侯渊斩于马下,多以勇猛老将形象出现于后世作品中。

这件作品维持了"三国"系列一贯的写实风格,专门设计了这一幕——老将黄忠有雄鹰助战,主角双眼凝视前方,双手搭箭前射,须发全白却依旧壮心不已。他的爱驹此时也屏息低头,四肢紧绷,稳住身子,以便主人射杀敌人。鹰盘踞在老将肩头,尽展双翅,目光锐利有神,似乎只等箭矢放出去的一刹那腾空而起,随箭而去。

此次雕像用料也非常丰富,包含了宝丽石、真实布料、皮革、PVC、毛料、金属等。

作品尺寸：
78cm（长）×56cm（宽）×73cm（高）

创意思路：

马超，字孟起，扶风茂陵（今陕西省兴平市）人。马超可以说是少年天才，成名很早。曹操对马超十分赏识，屡次征召马超，但都被其拒绝。后马超降刘备，成了威震天下的五虎上将。

这一雕像在骏马身后激起的尘土，产生了沧桑的美感。身后的披风猎猎作响，毛皮瑟瑟，使人联想到寒冷的冬天，非常萧索。战枪修长，隐隐泛着寒光。马头一支红缨，尽显华贵。马超英雄之气尽出。人身和马身细节都非常精致。近距离可以看到盔甲的细节，头盔纹饰精美，一道白色的将军翎，十分威武。

马超的头部还有替换零件，可以把严肃的表情替换为英勇冲锋、愤怒杀敌的表情。

此次雕像用料包含了宝丽石、树脂、布料、PVC、毛料、高温丝等。

作品尺寸:
44cm（长）×67cm（宽）×78cm（高）

创意思路：

张飞是三国时期蜀汉名将，他被广泛地描述为勇猛、虎将的形象。他的外在形象大多是黑脸、眼大方正、虎虎有威，会用"豹头环眼"来形容。

这次设计就全方位地体现了人们心目中"猛张飞"的形象。

此次雕像用料包含宝丽石、树脂、布料、PVC、金属等。

作品尺寸：70cm（长）×100cm（宽）×45cm（高）

创意思路：

赵云出身常山真定县（即今河北省石家庄市正定县），字子龙，身长八尺，姿颜雄伟。"常胜将军""白马银枪"等形容赵云的词汇数不胜数。赵云一生战绩辉煌，长坂坡之战中创下了"七进七出曹营""单骑救主"等惊为天人的壮举，成为后世传唱的经典。

这款赵云雕像共有两颗头雕，并且两颗头雕的面部表情有所区别。头盔版嘴唇微张，紧闭的牙齿颗颗可见，目光坚毅，面色凝重，宛若刚刚战斗过。而束发版表情则更加冷静。将两颗头雕放大来看，可以发现眼睛里的血丝以及皮肤纹理和轻微的胡须效果。

材质使用了宝丽石、树脂、布料、PVC、金属、高温丝等。

武器方面这次配备了两把，采用了双持造型。一把为赵云标志性的龙胆亮银枪，而另一把则是刺死背剑将军夏侯恩夺得的青釭剑，这青釭剑也是曹操的宝剑。

阿斗是作为此次豪华版加入的配件，由布包裹并系于赵云胸前。襁褓中的阿斗啼哭，面容栩栩如生。

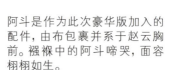

作品尺寸：
81cm（长）×45cm（宽）×85cm（高）

245

创意思路：

2019年公布的《二郎显圣真君杨戬》从首款灰模亮相至今，三年间不断进行着优化。

为了充分照顾细节表现，设计十分繁复，考虑到承重和组装的协调性，精简取舍。经过玩家朋友们的意见反馈，后续再次优化，于WF展出上色版"金麒"，并正式开定。

针对上色版，玩家们就细节刻画以及天宫云雾的通透程度等给出了很多宝贵意见，我们再次和建模及涂装部门沟通调整，加强了旧版本的设计：盔甲镜度有了显著提升，云雾质感也变得更为通透。同时新增一款配色"银霜"，让大家选择自己喜欢的二郎神君。

产品材质含有树脂、纯铜、布料等。

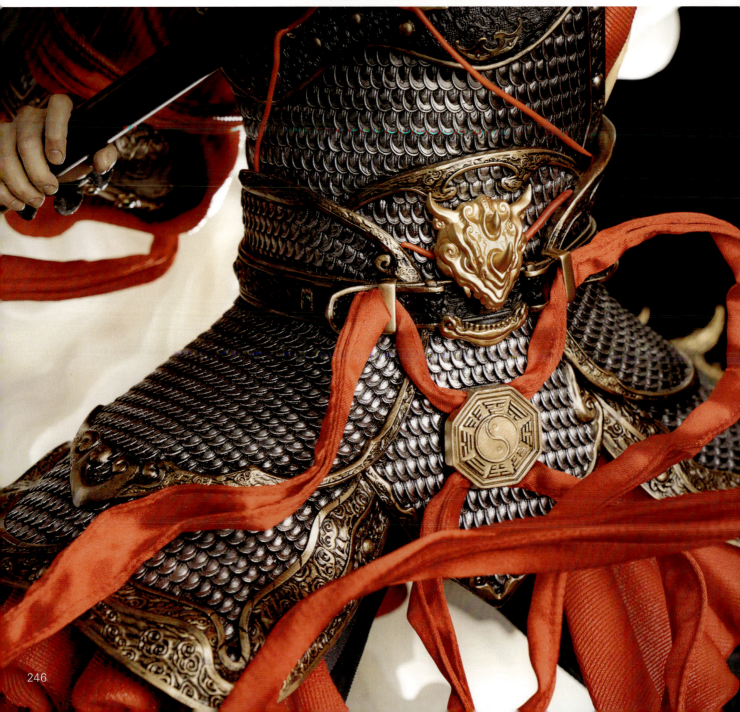

作品尺寸：
56cm（长）×75cm（宽）×77cm（高）

创意思路：

始建于康熙四十八年（1709年）的圆明
园，集中体现了中国古代造园艺术的精
华，被誉为"一切造园艺术的典范"。它
既有中国宫廷建筑的富丽堂皇、江南园
林的委婉多姿，又有西洋皇家园林的雍
容华贵。国家图书馆藏铜版画《圆明园
长春园图》，描绘的就是这组"西洋楼"
建筑的全貌。

海晏堂正楼楼门左右有叠落式喷水槽，
阶下为一大型喷水池，池左右呈八字形
排列着十二生肖人身兽头铜像。生肖铜
像身躯为石雕穿着袍服的造型，头部为
写实风格造型，铸工精细，兽首上的褶
皱和绒毛等细微处都清晰逼真。铜像
中空连接喷水管，每隔一个时辰，代表
该时辰的生肖像便从口中喷水；正午时
分，十二生肖像口中同时涌射喷泉，蔚
为奇观，被称为"水力钟"。

可惜的是，1860年，英法联军火烧圆
明园，兽首铜像流失海外，直至2013
年6月28日，鼠首才被法国皮诺家族
赠还中国。

鼠首虽然归国，石雕身躯却再难得见。
本次开天与国家图书馆的合作，旨在根
据《圆明园长春园图》，还原"子鼠"全
身形象，让这梦幻般的皇家园林再现当
年盛世光辉。

产品材质为树脂、黄铜。

子鼠

传说中，灵鼠因开天有功，被选为生肖之首，被称为"子鼠"，更有了"鼠咬天开"的传说故事。

本次"子鼠"的造型取材于其形象，我们将它还原出来并配上了高台底座。

《圆明园长春园图》"海晏堂西面"十二个形象，取意"河清海晏，国泰民安"，其中的十二生肖喷水时钟寓意着天下生生不息。

作品尺寸：12cm（长）×12cm（宽）×25cm（高）

创意思路：

工作室创始人之一罗其胜老师创作的
《鹤姬飞天》，展现了唐朝仕女风采。《鹤
姬飞天》赋予了角色更多的想象力。在
造型上夸张、大胆。女子随着仙鹤，登
云直上九天，双手舒展，身姿婀娜，慵
懒惬意的表情为其增添了几分尊贵。随
风飘动的上襦和披帛，更将九天之上的
如梦如幻的情境表现得淋漓尽致。细节
刻画上精细繁复，发髻高挽，以牡丹为
主花装饰其上。扇面状的花钿加上艳丽
的妆容，使得飞天女子更显雍容华贵。
衣着基本是上襦下裙加上披帛的标准
搭配。襦裙之上装饰的仙鹤和云纹以阳
刻的方式雕刻其上，使仙鹤的身形更为
生动，同时齐胸襦裙的纹路也以金漆修
饰，使得整套服饰极为华美精致。

作品尺寸：47.7cm（长）×22.56cm（宽）×54.4cm（高）

三月三日天气新，
长安水边多丽人。
态浓意远淑且真，
肌理细腻骨肉匀。

253

pp 漫游记工作室

简介：
工作室负责人周世懿为幻想
生物、野生动物雕塑家、概念
设计师，以野生动物与幻想
生物雕塑为主的自由创作者。
目前在进行的作品有不存
在的生物系列作品——《起
源》、野生动物雕塑、微型动
物掌中生命等。作品类型从
传统泥塑、金属纪念章雕刻
到骨雕木雕，皆有涉及。作
品多以自然主义为主要表现
手法。

周世懿（David Zhou）

GK 创作问答

你私底下是一个什么样的人?
我应该是待人热情、友善,爱尝试新鲜事物,闲不住的人。

在工作室的一天是怎么安排的呢?
创作,聚会,运动,生活。

可以介绍一下你的工作环境吗?
比较干净整洁的一居室作为工作室,既做工作,也做展示陈列、收藏。

一般在创作过程中是怎么分配时间的呢?
我喜欢专注于一件作品进行创作,中间会分插些游戏、聚会或者运动。

商业创作和个人创作对你来说有什么区别?又会如何取得一个平衡呢?
商业创作极少,我觉得比较会影响个人发挥的自由度。

在创作中是更享受过程还是更注重结果?
主要是享受过程,结果不是自己可以控制的。

你觉得是哪个创作者或者哪件作品带你入门 GK 的,或者说是对你影响最深的?
最早接触并被打动的是 David Meng 的幻想系列作品。

对你来说,所选择创作的方向和风格不可或缺的元素是什么?
不可或缺的是一种自然流露,真实表达的风格,不喜欢矫揉造作。

你觉得国内的原型师和日本或美国的原型师的作品最大的区别是什么?
最大的区别还是创作环境、创作自由度、容忍度,以及展示的平台较少。

通常你的灵感与创作想法来源于哪里?
来源于生活。

中国传统文化在哪方面影响了你的创作?
主要的影响在表达上,更注重东方的含蓄与细腻。

能描述一下你最满意的作品和它的创作过程吗?

最满意的作品是《鸟身女妖》,从设计到最后表现都很满意。

如果创作陷进瓶颈期的话会选择什么样的方式去解决?
缓一缓,转移下方向。

你平时会收藏其他原型师的 GK 作品吗?最喜欢的一个作品是哪个呢?
有收藏 Nick Bibby 的野生动物铸铜雕塑。

从每一个作品的设计到售卖的过程中,有没有发生过令你难忘的事情?
每一款都是心血,每一次都很难忘。

未来长期或者短期有什么计划或者目标吗?
会尝试更多艺术形式,做出更多的作品,同时回归到传统动物雕塑。

如果有天不再做 GK 了,你会做什么?
从传统雕塑到各种手工艺都会尝试,转行也有可能,体验不同的行业和人生。

创意思路：

法老犀鸟是生活在东南亚的小型犀鸟，体长45—50cm，下喙端部具有胡须般盔管，头后部有明显凸起的盔冠。它们常年居住在低海拔的常绿阔叶林中，以树上栖息为主，偶有到地面觅食。它们主要以有毒浆果、菌菇与两栖爬行类动物为食。

如果有猴子、猛禽等天敌来袭，除了快速低飞逃跑，它们也会有自己的最后一招，就是将盔管里的毒液快速甩向对方的眼睛。法老犀鸟叫声尖利，喜好成对或成群出现，同一般犀鸟一样，繁殖期会利用高处悬崖中的石洞缝隙或树洞进行封巢繁殖。目前随着种群数量快速减少，它们在原栖息地已极为少见。

作品尺寸：27cm（长）×10cm（宽）×29cm（高）

创意思路：

灵感来自古代欧洲的一种海马水怪，常见于建筑、绘画与文字中，对独角兽的偏好让我将这两种怪物做了一些融合。既有海马怪的造型，又有独角兽的气质。

作品尺寸：9cm（长）×9cm（宽）×25cm（高）

创意思路:

鹿角岩蜥属于鬣蜥科,是生活于非洲大陆,体色艳丽的蜥蜴。通体蓝色,腹部偏白,下颌青绿,体长约14cm。其四肢健壮,趾爪发达,全身布满鳞片与棘刺,雄性耳后长有一对鹿角状的大角,用来在繁殖季争夺雌性,有最强壮枝角的雄性也拥有君临天下的优越感。鹿角岩蜥多生活于荒漠岩石地带,昼出夜伏,以植食性为主,兼吃少量动物性食物。

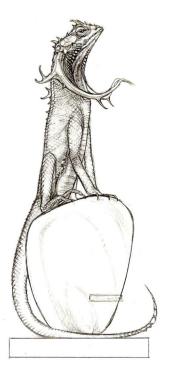

作品尺寸:14cm(长)×10cm(宽)×23.5cm(高)

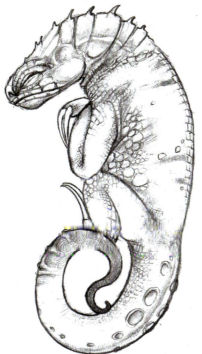

创意思路：

把树懒和蜥蜴做了一些结合，快慢结合的设定感觉非常有趣，于是就产生了毛里求斯懒蜥。

作品尺寸：14cm（长）×10cm（宽）×23.5cm（高）

创意思路：

这件作品，借用了古希腊鸟身女妖这个题材，描绘了一种蜂鸟一样体形的半鸟类生物。它们体形娇小如蜂鸟，通体有金属色鲜艳鳞状羽毛，尾羽狭长，个体色泽差别较大；翅膀长而宽，飞行能力强，同时翅膀仍然保留了指甲与指节的灵活，使它们能从事各类活动。每一只鸟身女妖都拥有一副飞行面具，该面具正面有细长并向下弯曲的虹吸器，帮助它们成功汲取花蜜。与之生活息息相关的是一种名为鼠尾叶草的植物，整株植物外形颜色酷似一片树叶，质地肥厚，仅有一根根须，离开土壤亦能生存，拥有极强的生命力。鸟身女妖会将其带至树冠高空，精心编织装饰成自己舒适的睡眠住所。

当然这件作品的雕塑制作与整体把控的难度是非常大的，对我来说的确是一次挑战，所幸最后感觉实现得非常成功。

作品尺寸：16cm（长）×15cm（宽）×41cm（高）

SAZEN LEE
工作室

简介：
工作室负责人 SAZEN LEE 是独立概念设计师、原型师。致力于原创概念雕塑的设计和制作，推出多个原创系列作品，同时也与多个品牌 IP 合作推出联名手办雕像作品。

SAZEN LEE

GK 创作问答

你私底下是一个什么样的人？

我私底下是一个话不多，喜欢植物和动物，没事儿喜欢到野外逛逛的人。

我从小就喜欢 ACG 文化，喜欢动漫游戏中的角色设计，上课期间在课本上画自己喜欢的动漫角色是最幸福的回忆。经历了应试美术高考，进入了大学，我终于可以自由地投身于我的爱好了，那时我接触到了 GK，我被震撼到，也被深深地吸引，原来还可以这样去创造一个角色。

在工作室的一天是怎么安排的呢？

我一般下午到工作室，先打扫一下卫生，然后看一下工作日程，开始一天的工作。主要的创作工作一般在晚上，晚上相对来说会安静一些，更容易集中注意力，不会工作到很晚，一般晚上十点钟就会回到家里。

可以介绍一下你的工作环境吗？

我的工作室有两个区域：一个是画画设计的区域，有一台电脑；一个是雕塑和涂装的区域，有三张桌子，两张桌子组合在一起做雕塑，一张桌子涂装。

一般在创作过程中是怎么分配时间的呢？

没有具体的时间分配，创作顺利的话就会多做一会儿，不顺利的话就放一放，做一做其他作品，比较随性。

商业创作和个人创作对你来说有什么区别？又会如何取得一个平衡呢？

商业创作是需要符合甲方的需求的，在符合甲方需求的基础上再去发挥一些自己的风格，个人创作则是自我感受的表达。这中间的平衡就是和客户的沟通和交流，充分理解客户的需求就是平衡点。

在创作中是更享受过程还是更注重结果？

我会比较注重结果，过程大多是枯燥的，在完成的那一刻才是最兴奋的。

在我看来，雕塑是 GK 的一种表现形式，GK 的内核我觉得是在传达我是谁。这种造型的传达对我来说是一种成长，是从外到内让我更加了解我的自己的过程，也让我穿越到过去，看到了最初最本真的我。

你觉得是哪个创作者或者哪件作品带你入门 GK 的，或者说是对你影响最深的？

四季的《地藏菩萨》，那个时候四季会把地藏的制作过程分享到比坛上，这些过程的分享更加拉近了我和 GK 的距离。

对你来说，所选择创作的方向和风格不可或缺的元素是什么？

自然和生长，这是最能打动我的元素。我喜欢大自然的元素，自然的线条会让我觉得很有生命力，无论是什么样的题材，我都会喜欢赋予其有生命力的线条。

你觉得国内的原型师和日本或美国的原型师的作品最大的区别是什么？

国内原型师骨子里的审美和日、美是不一样的，这个区别不是表面的题材所表现，而是底层的审美差异。

通常你的灵感与创作想法来源于哪里？

生活。生活总会让你产生意想不到的灵感，所以我热爱生活。

中国传统文化在哪方面影响了你的创作？

中国传统文化是中国审美的提炼，对我的审美有很深的影响。

能描述一下你最满意的作品和它的创作过程吗？

我比较满意的作品是《豆娘》，她的创作是一次"冒险"。在创作过很多昆虫题材的作品之后，设计豆娘时，我大胆地做了很多减法的设计，然后又做了一些不符合常规的设计组合，结果我很满意，这让豆娘成了一件独一无二的作品。

如果创作陷进瓶颈期的话会选择什么样的方式去解决？

顺其自然，把注意力转移到生活上，生活会给出答案。感谢 GK 让我认识了很多朋友，人家都在造型的路上坚持自己的创作，创作是孤独的，热爱是相通的，造型之路上大家并肩前行。

你平时会收藏其他原型师的 GK 作品吗？最喜欢的一个作品是什么呢？

比较少，收藏过一个竹谷隆之的《恶魔人》。

从每一个作品的设计到售卖的过程中，有没有发生过令你难忘的事情？

疫情加上过年工厂工人放假，我只能和厂老板两个人通宵打包发货。

未来长期或者短期有什么计划或者目标吗？

没有太明确的目标，在创作上很难预见下一件作品会是什么样的，跟着生活的步伐，我想会有意想不到的灵感出现。

如果有天不再做 GK 了，你会做什么？

当个农民吧，种种地什么的。

创意思路：

一直钟爱的昆虫题材也做了好几款了，经历了很多的尝试，但《豆娘》是一个实质性转折点。之前的昆虫人设计都是可以复制的设计，而豆娘是一款没有办法复制的，没有套路，打破了传统的角色设计逻辑，她的设计只属于她。当然这也挑战了一部分人的审美和认知，我喜欢这种挑战，也可以说这种挑战是我创作的动力，对我而言这就是创作的意义。事实证明我的挑战也得到了认可，豆娘被收录在 Spectrum 27 的年鉴中。

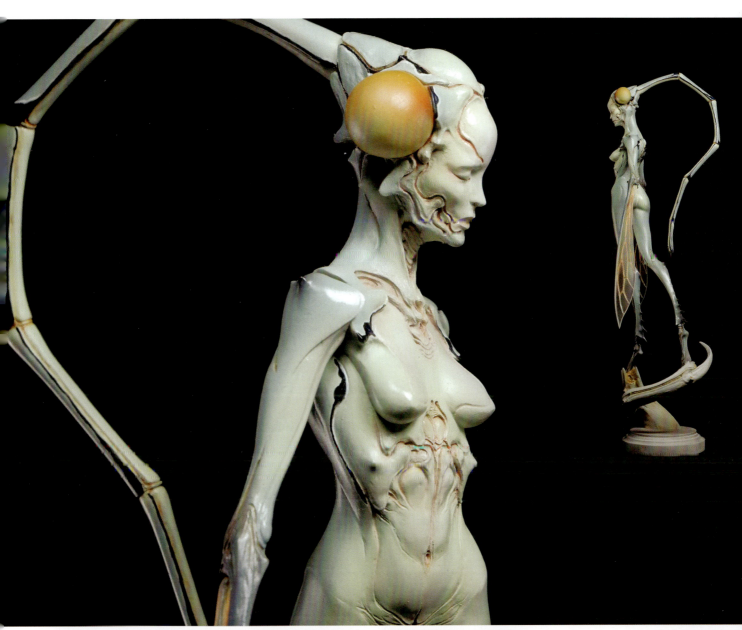

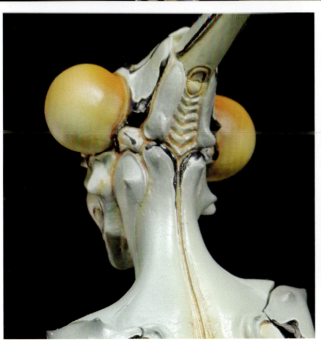

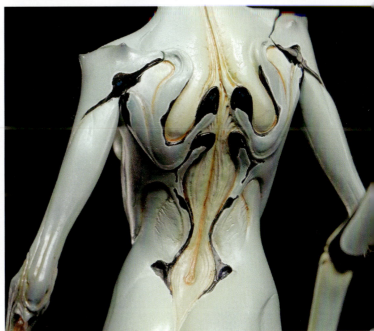

作品尺寸：13cm（长）×20cm（宽）×37cm（高）

创意思路:

《蟹女》这件作品的由来,要从吃说起。
我是一个北方人,来南方上大学才知道
这边每年中秋节要吃大闸蟹。从一开始
的吃不惯,到喜欢上这道美食,这中间
不知道拆了多少只大闸蟹。每拆一只大
闸蟹都是对认识它的结构做的一次"练
习","练习"得多了,就觉得为什么不
做一款大闸蟹的作品呢,这样构思就开
始了。

作品尺寸：15cm（长）×21.5cm（宽）×18cm（高）

267

创意思路：

与生俱来又从何而来，无论是西方还是东方，生而为了赎罪还是人之初性本善，作为这颗星球上的"统治者"，我们是如此不同，我们与生俱来的智慧、爱、勇气和贪婪让我们创造出我们的文明，大到世界的奇迹，小到自己的生活，逃不出是与生俱来的两面性，就像是阳光照射到我们身上，必定会留下影子的痕迹。我们的肉身和这个星球的其他生物是如此相同，而驾驭这具肉身的灵魂却是如此独特，这颗灵魂就像是一颗潘多拉的种子，这颗种子从何而来，或许我们还太渺小，我能想象到的神明的样子，他／她有光明也有黑暗，他／她是创造之神也是孕育之母，他／她有智慧的光环也有贪婪的羽翼，他／她给予我们爱的能力也打开了我们恨的深渊，我们被种下了这颗种子，我们的肉身孕育着这颗种子，也是这颗种子的枷锁。我心中的这颗种子，就是我的小宇宙，我会努力生活，为爱前行，不断地探索。

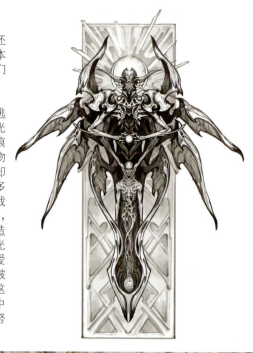

作品尺寸:
50cm（长）×44cm（宽）×64cm（高）

S E E D

Eop Studio 工作室

简介

"C1……梦幻蓝天……
下工作……Eop Studio。
工作室负责人……冯伟。

冯伟

GK 创作问答

1. 你私底下是一个什么样的人?

私下是一名概念艺术家,从事游戏美术二十余载。

2. 在工作室的一天是怎么安排的呢?

忙于公司的运营以及自己作品的创作,以及团队的制作。

3. 可以介绍一下你的工作环境吗?

我的工作地点比较分散,有时候是公司,有时候是家里,家里和公司都有我的模型工作间,这样能方便我大喷涂以及制作我们的作品的草稿,总的来说我的工作环境看起来凌乱而饱满,该有的什么都有,我很享受在工作室的每一刻。

4. 一般在创作过程中是怎么分配时间的呢?

我们的作品大部分设计都是由我自己完成的,这往往需要消耗大量的时间,我需要收集资料,梳理创意,绘制也会有很大的时间消耗,一个作品经常要设计一个月,之后就是交给我们公司的同事负责 zb 雕刻,我来负责兼修,几乎每天都要在他们输出的渲染图上画出问题,最终才能到我们想要的样子。

5. 商业创作和个人创作对你来说有什么区别?又会如何取得一个平衡呢?

商业创作主要还是针对市场用户群的品位和审美需求,这往往要经过精密的市场调研,并不能随心所欲地去贯彻自己的想法。而自己的创作就比较随心所欲,满足于自己的感官和自己的审美需求。至于平衡,至少现在的我还不是很能游刃有余地驾驭,我们还在努力地尝试以及平衡大众审美和艺术家审美之间的落差。摸索过程中,我个人觉得好

的设计和玩法大概是能让两方面平衡的突破点。

6. 在创作中是更享受过程还是更注重结果?

更享受其中的过程,结果当然也会在意,但是过程更有乐趣。

7. 你觉得是哪个创作者或者哪件作品带你入门 GK 的,或者说是对你影响最深的?

人多了, Steve Wang, Airs, Jordu, Joshweston,零蜘蛛,他们的作品太多了,不好列举 。

8. 对你来说,所选择创作的方向和风格不可或缺的元素是什么?

美感以及动态的张力,最后是独特的切入角度。

9. 你觉得国内的原型师和日本或美国的原型师的作品最大的区别是什么?

技术上国内与国外已经没有特别明显的落差,但是在设计理念上国外更大胆、更自然,也享有更多元的玩家群体,让每一种风格以及创意都有放矢之的,说起来还是灵感和土壤吧。

10. 通常你的灵感与创作想法来源于哪里?

关于视觉的一切,电影、游戏、摄影,甚至是身边的美好画面。

11. 中国传统文化在哪方面影响了你的创作?

目前并没有太多的中国传统文化元素出现在我们的创作里,我们的作品还是更突出于体现前沿、视觉颠覆,以及时尚

群体的需求,可能以后的作品也会考虑采用中国传统文化里比较厚重、比较有质感的元素。

12. 能描述一下你最满意的作品和它的创作过程吗?

"聚魂吟"系列是我最满意的作品,黑暗和华丽复古是我们设计的初衷。过程非常艰辛,我们的消耗很大,设计造型就让我们投入了很长的时间。模型部分是国内 zb 行业顶尖的老师负责雕刻,一笔一笔地盯着雕出来的。因为设计复杂,拆检和工程问题也是让我们煞费苦心,系列的部分作品也是由涂装界顶级大神涂装,过程非常享受。

13. 如果创作陷进瓶颈期的话会选择什么样的方式去解决?

沉淀以及寻找更多资料获得创意灵感。

14. 你平时会收藏其他原型师的 GK 作品吗? 最喜欢的一个作品是哪个呢?

当然,我是 Steve Wang 的亲涂作品收割者。

15. 从每一个作品的设计到售卖的过程中,有没有发生过令你难忘的事情?

比较难忘的是在给玩家签绘中获得极大的肯定与感动。

16. 未来长期或者短期有什么计划或者目标吗?

短期是把自己最近比较受欢迎的概设作品还原。

17. 如果有天不再做 GK 了,你会做什么?

继续做我的本职工作——概念艺术绘画。

创意思路：

精致的洋娃娃坐在维多利亚风情的软沙发上，正被源源不断抽出鲜红的血浆。她苍白的面上没有悲喜，像等待加冕成为女皇，矜傲而孤高。最后一点血色凝聚在她纤弱的五指，修长的双腿交叠于胸前，似在有气无力地防备。蒸汽朋克式的前照灯即将亮起，小鬼们兴奋地爬来爬去，欢迎来到嘉年华。

作品基调荒诞怪异，有着非常明显的蒸汽朋克风格。小丑的座椅充满机械设计感，机械传动、管道、齿轮、压力阀与活塞相互拼接，造型古典而结构复杂，呈现着蒸汽朋克所注重的暴力美学。人物造型设计方面，柔软的躯体与僵硬的机械，美艳但毫无生气的少女，狡黠且疯狂的小丑，环绕四周嬉闹的木偶，象征死亡的骷髅与蛋糕甜蜜的香气，鲜血与欢笑，生命与非生命，苍白与妖冶，作品中具有几乎无处不在的独特戏剧性冲突。

《献血女》的涂装质感无疑是让人惊艳的。机械装置拼接的暗沉金属质感，欧式沙发靠背的反光皮质，少女身下柔软的被毯被挤压出带有厚度的褶皱，抑或是装置底部不断奔涌而出的团状蒸汽相互交融碰撞，骷髅的风化颗粒质感，夜枭的层叠羽毛，整体异常粗犷的图景之下多层细节不断叠加，多个精巧的设计让眼睛相当过瘾。作品整体重心偏斜，自带一种从阴暗、压抑的地下世界缓缓走出的摇摇欲坠之感，让观者不禁恍惚失神。

隶属于"C12 的迷幻蓝天"系列作品，材质为 PU 树脂。

饱和、明艳的色调则赋予《献血女》从怀旧感中叛逆冲出的魅力。红、蓝、黄三原色在作品中灵活地点缀与组合，一次次给予观者极大的视觉冲击。涂装既完美还原了不同材料所各自应有的独特质感，也最大限度给了所有鲜艳色彩以跳动的活力，整体造型十分饱满。

作品尺寸：26cm（长）×26cm（宽）×46cm（高）

末那工作室

简介：
工作室负责人为四季，毕业于河北师范大学美术系，2010 年创建末那工作室。现任中国电影美术学会 cg 学会副主任。末那工作室致力于独立造型开发、影视游戏衍生品开发电影概念设计、特殊造型设计、特殊道具及特效化妆。

四季

GK 创作问答

你私底下是一个什么样的人？

我觉得我还是挺一致的，大家觉得我是什么人就是什么人，我究竟是个什么人这个不重要。

在工作室的一天是怎么安排的呢？

到工作室先做一杯咖啡，再琢磨我要干点啥。我自己干活比较随意，所以烂尾的比较多，时间比较散，就挑一些不太费劲的事弄。要是进了剧组工作强度就会比较大，但还是挺好玩的。

可以介绍一下你的工作环境吗？

我现在大部分时间都在青岛，环境非常好，背山面海。

一般在创作过程中是怎么分配时间的呢？

我没啥计划，都很随机，突然想起一个什么就弄一下。

商业创作和个人创作对你来说有什么区别？又会如何取得一个平衡呢？

我个人很少做商业的东西，然后自己做的东西很不商业，有朋友喜欢就出几个。工作室也不指着我做东西赚钱，这个还挺好的。商业肯定就是服务类，这个看客户了，有的要求比较多，有的就很宽松，我个人肯定做不了那种完全按照什么三视图来的工作。

在创作中是更享受过程还是更注重结果？

过程很痛苦，结果很兴奋，没有不注重结果的作者吧。

你觉得是哪个创作者或者哪件作品带你入门 GK 的，或者说是对你影响最深的？

我就不用说了，竹谷隆之的脑残粉。

对你来说，所选择创作的方向和风格不可或缺的元素是什么？

还是美学趣味吧，很多作品做得很好，但是很无趣。

你觉得国内的原型师和日本或美国的原型师的作品最大的区别是什么？

我觉得大家的生存能解决就好，不能脱离生存去谈这个话题，国内作者顾虑得会更多。

通常你的灵感与创作想法来源于哪里？

这个不好总结，我也说了，很随机。少年时期很多东西都会有影响，反而现在的东西很难给我灵感。灵感这个玩意儿也是靠不住的，也不用太在意。

中国传统文化在哪方面影响了你的创作？

这个是我自己的文化属性，我脱离不了的，末那原创的作品绝大部分也都是依据传统文化来的。

能描述一下你最满意的作品和它的创作过程吗？

我都不知道我最满意哪个，觉得过程都挺费劲的，做到后面几乎都是想赶紧弄完。

如果创作陷进瓶颈期的话会选择什么样的方式去解决？

就歇着，看看书或者弄点别的，看看电视剧啥的。

你平时会收藏其他原型师的 GK 作品吗？最喜欢的一个作品是哪个呢？

我自己除了收一些竹谷的，就是买一些特别可爱的那种，《四叶妹妹》《鬼太郎》这种。这种东西都是在没拿到手的时候特别喜欢，拿到了就都那样了。

从每一个作品的设计到售卖的过程中，有没有发生过令你难忘的事情？

每一个卖得不好的都难忘。

未来长期或者短期有什么计划或者目标吗？

能计划的都不算是未来。

如果有天不再做 GK 了，你会做什么？

木匠。

创意思路：

黑白无常是中国民间传说中的鬼神，分别代表着阴间与阳间的使者。他们的形象源于古代的神话传说，具有浓厚的中国传统文化气息。因此，我们在设计这款手办时，充分挖掘黑白无常这一主题的内涵，将其独特的魅力展现给玩家。在手办的细节方面，我们注重每一个小部件的设计。例如，黑色代表着死亡和神秘感，白色则代表着纯洁和清新感。我们将黑无常设计成面容狰狞的哺乳动物骷髅，白无常设计成禽类的骨骼形象，使得整体更加富有对比感。黑无常手中的道具被设计成招魂铃的形状也是很有趣味。服饰采用了传统的中国元素，如宽大的长袍、华丽的发饰等。这些元素不仅体现了中国传统文化的魅力，还能让黑白无常的形象更加立体和生动。

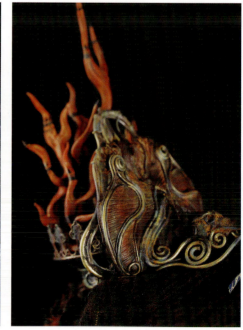

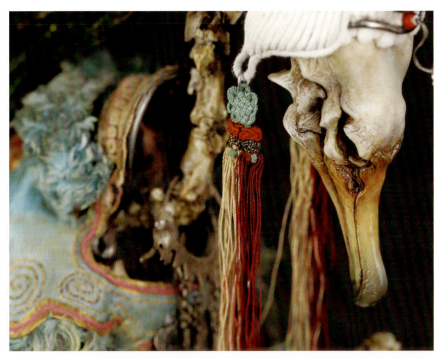

后记

我从小就非常喜欢动漫和玩具。出来工作后也是一直选自己喜欢的领域在做。在一次创业的项目中，我接触到了末那当时出品的"斗战神"系列，就被深深地吸引了。后来有机会就策划了人生的第一个个展"花鸟鱼虫"GK 雕像展，当时还出了画册和限定雕像。再后来就创办了稀土艺术展"中国 GK 雕像展"一直到现在。能为自己喜欢的事情和行业贡献一些绵薄之力是一件非常幸运和开心的事情，当然也在不知不觉中多了一份传承中国传统文化的责任。

本书就是一本中国传统文化 GK 大合集，它收集了近几年国内一些著名原型师的作品。当然由于篇幅有限，还有非常多优秀的作品没有被收录。大家可以多去关注和搜索，有喜欢的也不妨购买收藏。

我是幸运的，可以编著这样一本书。在这里要非常感谢上海人民美术出版社愿意出版本书。本书从策划到编辑成书，历时三年多，这三年国内 GK 市场也有过很大波动。但我还是希望大家都可以坚持热爱，不惧付出，终有所得。

孙永喜
2024 年 5 月于广州

图书在版编目（CIP）数据

中国原创GK手办 / 孙永喜编著. -- 上海 ：上海人民美术出版社，2024.7
ISBN 978-7-5586-2944-0

Ⅰ．①中… Ⅱ．①孙… Ⅲ．①玩具－模型－制作－中国 Ⅳ．①TS958.06

中国国家版本馆CIP数据核字(2024)第067659号

中国原创 GK 手办

编　　著：孙永喜
责任编辑：卢　卫
设　　计：渔　人
排版制作：上海释籍文化传播有限公司
技术编辑：史　湧
出版发行：上海人民美术出版社
　　　　　（上海市闵行区号景路159弄A座7楼）
印　　刷：上海颛辉印刷厂有限公司
开　　本：889×1194　1/16　17.5印张
版　　次：2024年7月第1版
印　　次：2024年7月第1次
书　　号：ISBN 978-7-5586-2944-0
定　　价：268.00元